Mario Vallorani

NUMERI COMPLESSI

POLINOMI

FRAZIONI ALGEBRICHE

ANALISI MATEMATICA
A PORTATA DI CLIC

a Océane

Indice

Introduzione		**v**
1 Insieme dei numeri complessi		**1**
1.1	Insieme dei numeri complessi	1
1.2	Operazioni di sottrazione e divisione	4
1.3	Potenze ad esponente intero e radici n-esime dei numeri complessi	6
1.4	Relazione tra l'insieme $\mathbb{C}$ e l'insieme $\mathbb{R}$	9
1.5	Regole di comportamento per operare con i numeri di $\mathbb{R}$ e di $\mathbb{C}'$	12
1.6	Rappresentazioni geometriche dell'insieme $\mathbb{C}$	13
1.7	Rappresentazione algebrica dei numeri complessi	20
1.8	Commento alla rappresentazione algebrica dei numeri complessi e suoi usi	23
1.9	Rappresentazione trigonometrica dei numeri complessi .	26
1.10	Come si trova la rappresentazione trigonometrica di un numero complesso	28
1.11	Esistenza e calcolo delle radici n-esime di un numero complesso	30
1.12	Relazione tra le radici n-esime di un numero reale $a \neq o$ e le radici n-esime di $z = (a, 0) \in \mathbb{C}'$	35
1.13	Soluzioni delle equazioni di $2°$ grado	36
Esercizi sugli argomenti trattati nel Capitolo 1		**43**
	Esercizi sulle operazioni tra numeri complessi	43

Esercizi sulla rappresentazione trigonometrica dei numeri complessi ed i suoi impieghi 55

Risposte agli esercizi del Capitolo 1   **63**

2   I polinomi   65
   2.1   I polinomi 65
   2.2   Operazioni tra due polinomi di $\mathbb{S}[t]$ 68
   2.3   Divisori di un polinomio e polinomi irriducibili di $\mathbb{S}[t]$ . . 69
   2.4   Zeri di un polinomio e loro proprietà 72
   2.5   Quali sono i polinomi irriducibili di $\mathbb{C}[z]$ 76
   2.6   Relazione tra gli insiemi $\mathbb{R}[x]$ e $\mathbb{C}[z]$ 79
   2.7   Considerazioni sugli zeri dei polinomi di $\mathbb{C}'[z]$ 81
   2.8   Formula di decomposizione di un polinomio di un polinomio di $\mathbb{C}'[z]$ come prodotto di polinomi di $\mathbb{C}'[z]$ 83
   2.9   Quali sono i polinomi irriducibili di $\mathbb{R}[x]$ 85
   2.10   Massimo comun divisore di due o più polinomi di $\mathbb{R}[x]$ . . 87
   2.11   L'algoritmo di Euclide 89
   2.12   Minimo comune multiplo di due o più polinomi 91
   2.13   Le funzioni polinomiali e i loro zeri 93
   2.14   Risoluzione delle equazioni algebriche 95
   2.15   Risoluzione delle equazioni algebriche binomie e trinomie   96
   2.16   Risoluzione delle equazioni reciproche di grado $n \leq 5$ . . 97
   2.17   Risoluzione delle equazioni algebriche a coefficienti razionali 102

Esercizi sugli argomenti trattati nel Capitolo 2   **105**
   Esercizi sulle operazioni tra polinomi 105
   Esercizi sugli zeri dei polinomi e le equazioni algebriche 111

Risposte agli esercizi del Capitolo 2   **117**

3   Le frazioni algebriche   121
   3.1   Punti chiave di un metodo di ricerca 121
   3.2   Le frazioni algebriche aventi per numeratore e per denominatore polinomi di $\mathbb{C}[z]$ 122

3.3 Una formula di decomposizione per le frazioni algebriche proprie di $\mathbb{C}_F[z]$ 124
3.4 Metodo di identificazione e metodo di variazione dell'argomento 129
3.5 Le frazioni algebriche aventi per numeratore e denominatore polinomi di $\mathbb{R}[x]$ 131
3.6 Il sottoinsieme $\mathbb{C}'_F[z]$ di $\mathbb{C}_F[z]$ isomorfo all'insieme $\mathbb{R}_f[x]$ e le frazioni algebriche elementari di quest'ultimo 132
3.7 Le funzioni razionali 137
3.8 La formula di decomposizione (3.23) in casi particolari . 139
3.9 La formula di decomposizione di Hermite 142

Esercizi sull'argomento trattato nel Capitolo 3   147
Sulla decomposizione delle funzioni razionali 147

Risposte agli esercizi del Capitolo 3   159

Introduzione

Questo libro si colloca in modo naturale tra quelli della collana "Analisi matematica a portata di clic", perché in esso vengono approfonditi *argomenti* che lo Studente incontrerà nella lettura dei libri della suddetta collana.

Vediamo di quali argomenti si tratta!

Nel *paragrafo* 2.15 del libro "Funzioni reali di una variabile reale" abbiamo detto che vi sono *funzioni* che "hanno un nome" e tra queste abbiamo citato:

- le *funzioni polinomiali*

- le *funzioni razionali*.

Poiché la *legge d'associazione* delle prime è rappresentata da un *polinomio* e quella delle seconde, dal *rapporto tra due polinomi*, cioè da una *frazione algebrica*, si pone l'esigenza di approfondire lo studio dei *polinomi* e delle *frazioni algebriche*.

Il prerequisito per l'approfondimento di tali concetti è la conoscenza dei *numeri complessi* per cui iniziamo il nostro studio da questi ultimi.

In definitiva nel libro ci occuperemo di:

- numeri complessi

- polinomi

- frazioni algebriche.

La materia trattata ci ha suggerito di strutturare il libro in tre capitoli.

Nel *Capitolo* 1 viene definito l'*insieme dei numeri complessi* ed approfondita la *relazione* che tale *insieme* ha con *l'insieme* $\mathbb{R}$ dei *numeri reali*.

Nel *Capitolo* 2 viene definito il *polinomio* e se ne studiano le *proprietà*.

Nel *Capitolo* 3, infine, si studiano le *frazioni algebriche* che sono di vitale importanza nel *Capitolo* 3 del libro "Integrazione di funzioni reali di una variabile reale" per la ricerca delle *primitive* delle *funzioni razionali*.

Per questa ragione si consiglia la lettura del presente libro prima di affrontare tale argomento.

Alla fine di ogni Capitolo vi sono degli esercizi proposti, alcuni dei quali sono risolti per dare allo Studente "il metodo" di come risolvere un esercizio; degli esercizi non risolti vengono date le *soluzioni*.

È importante che lo Studente provi a risolverli, perché gli esercizi sono stati scelti in modo da costituire un *test di autovalutazione* della comprensione dei concetti trattati.

A chi non sa "da che parte iniziare" consigliamo di rileggere con maggiore attenzione la teoria contenuta nel *capitolo*.

Ringrazio il professor Andrea Cittadini Bellini che ha curato la grafica del libro, l'ingegnere Tomassino Pasqualini per averlo informatizzato ed il professor Mariano Pierantozzi per lo scambio di idee.

L'autore

Capitolo 1

Insieme dei numeri complessi

La finalità di questo capitolo è di definire l'*insieme dei numeri complessi*, indispensabile per uno studio approfondito dei *polinomi* e delle *frazioni algebriche* di cui parleremo nei capitoli successivi.

1.1 Insieme dei numeri complessi

Sappiamo dalle Scuole Superiori che se un'*equazione algebrica* di 2° *grado*

$$ax^2 + bx + c = 0 \quad \text{con } a,b,c \in \mathbb{R} \quad \text{ed} \quad a \neq 0 \tag{1.1}$$

ha il $\Delta = b^2 - 4ac < 0$, non ha *soluzioni* in $\mathbb{R}$ cioè nell'insieme dei numeri reali.

Si pone quindi il problema di costruire un insieme "più ampio" di $\mathbb{R}$ tale che ogni *equazione* (1.1) abbia le sue *soluzioni* in esso.

Diciamo subito che tale insieme è l'*insieme dei numeri complessi* che nel seguito denoteremo con il simbolo $\mathbb{C}$ e che ora passiamo a definire.

Per ragioni di spazio non esponiamo qui i motivi che hanno suggerito la definizione che di esso daremo.

> *Definizione dell'insieme* $\mathbb{C}$
> **L'insieme $\mathbb{R}^2$, costituito da tutte e sole le coppie ordinate di numeri reali, diventa l'*insieme dei numeri***

complessi e si denota con il simbolo $\mathbb{C}$, se si definiscono in esso due operazioni chiamate *addizione* e *moltiplicazione*, ciascuna delle quali consiste nell'associare ad ogni coppia ordinata di elementi di $\mathbb{R}^2$ un elemento di $\mathbb{R}^2$ nel modo che ora diremo.

Per quanto riguarda l' addizione!
L'elemento di $\mathbb{R}^2$ da essa associato alla coppia ordinata $((a,b),(c,d))$ di elementi di $\mathbb{R}^2$, si denota con $(a,b)+(c,d)$ ed è cosí definito:

$$(a,b) + (c,d) = (a+c, b+d) \qquad (1.2)$$

Per quanto riguarda la moltiplicazione!
L'elemento di $\mathbb{R}^2$ da essa associato alla coppia ordinata $((a,b),(c,d))$ di elementi di $\mathbb{R}^2$, si denota con $(a,b)\cdot(c,d)$ ed è cosí definito:

$$(a,b) \cdot (c,d) = (a \cdot c - b \cdot d, a \cdot d + b \cdot c) \qquad (1.3)$$

Prima di continuare, facciamo alcune precisazioni e diamo alcuni nomi.

Il simbolo $+$ che compare nel membro di sinistra della (1.2) denota l'*addizione* tra coppie ordinate di numeri reali che stiamo definendo mentre il simbolo $+$ che compare nel membro di destra della (1.2) denota l'*addizione* tra numeri reali che già conosciamo.

Un discorso analogo vale per il simbolo $\cdot$ che compare nella (1.3).

Le coppie (a,b) e (c,d), che compaiono nel membro di sinistra della (1.2), prendono il nome di *termini dell'addizione* mentre la coppia $(a+c,\ b+d)$, che compare nel membro di destra sempre della (1.2), prende il nome di *somma dei termini* (a,b) e (c,d).

Le coppie (a,b) e (c,d), che compaiono invece nel membro di sinistra della (1.3), prendono il nome di *fattori della moltiplicazione* mentre la coppia $(a\cdot c - b\cdot d,\ a\cdot d + b\cdot c)$, che compare nel membro di destra della (1.3), prende il nome di *prodotto dei fattori* (a,b) e (c,d).

§ 1.1 Insieme dei numeri complessi

Gli elementi di $\mathbb{C}$ si chiamano poi *numeri complessi* e si denotano di solito con una delle ultime lettere dell'alfabeto: $z, w, \ldots$, ecc.

Ogni numero complesso z è quindi una *coppia ordinata* di numeri reali pensata però appartenente a $\mathbb{C}$, cioè a $\mathbb{R}^2$ con le due *operazioni* introdotte.

È immediato verificare che le *operazioni di addizione* e *moltiplicazione* godono delle *stesse proprietà* di cui godono le operazioni omonime nell'insieme $\mathbb{R}$.

Facciamo notare che il ruolo giocato nell'*insieme dei numeri reali* dai *numeri* 0 e 1, nell'*insieme dei numeri complessi* è giocato rispettivamente dai *numeri* (0,0) e (1,0).

Come nell'insieme $\mathbb{R}$, cosí pure nell'insieme $\mathbb{C}$ si definiscono le *operazioni* di *sottrazione* e *divisione* ma, prima di parlarne, diamo un paio di definizioni.

Definizione di numeri complessi uguali
Due numeri complessi $z = (a,b)$ **e** $z' = (c,d)$ **si dicono uguali e si scrive**

$$(a,b) = (c,d) \ ,$$

se sono verificate entrambe le uguaglianze

$$a = c \quad \text{e} \quad b = d.$$

Se almeno una delle uguaglianze suddette non è verificata, si dice che i due numeri (a,b) e (c,d) sono *disuguali* e si scrive $(a,b) \neq (c,d)$.

L'uguaglianza cosí definita gode delle tre classiche proprietà:

riflessiva : $(a,b) = (a,b)$;

simmetrica : da $(a,b) = (c,d)$ segue che $(c,d) = (a,b)$ e viceversa;

transitiva : da $(a,b) = (c,d)$ e $(c,d) = (e,f)$ segue che $(a,b) = (e,f)$.

Definizione di numeri complessi coniugati
Due numeri complessi $z = (a,b)$ e $z' = (a',b')$ si dicono *numeri complessi coniugati* se risulta:

$$a' = a \quad \text{e} \quad b' = -b.$$

Se uno dei due si denota con z, l'altro con $\overline{z}$, quindi se è $z = (a,b)$ si ha $\overline{z} = (a,-b)$.

Dalla definizione di numeri complessi uguali, segue che:

- Due numeri *complessi coniugati* $z = (a,b)$ e $\overline{z} = (a,-b)$ sono *uguali* se risulta $b = -b$; il che avviene *se e solo se è $b = 0$*.

Gli unici numeri complessi che coincidono con i propri coniugati sono quindi quelli del tipo $z = (a,0)$.

Come vedremo i *numeri complessi coniugati* giocano un ruolo importante quando si esegue l'*operazione di divisione*.

Passiamo ora a definire le *operazioni* sopra dette, cioè le operazioni di *sottrazione* e di *divisione*.

1.2 Operazioni di sottrazione e divisione

Per le operazioni che vogliamo qui definire, assumiamo le stesse definizioni date per le operazioni omonime nell'insieme dei numeri reali.

Definizione di sottrazione
La *sottrazione* è l'operazione che associa ad ogni coppia ordinata (z_1, z_2) di numeri di $\mathbb{C}$ un numero $z \in \mathbb{C}$ tale che risulti:

$$z_2 + z = z_1 \tag{1.4}$$

Tale numero z si chiama *differenza* dei numeri complessi z_1 e z_2 e si denota abitualmente con $z_1 - z_2$.

§ 1.2 Sottrazione e divisione in $\mathbb{C}$

Se è $z_1 = (a,b)$ e $z_2 = (c,d)$, il numero z che verifica la (1.4) cioè la *differenza* $z_1 - z_2$ si può calcolare cosí:
posto $z = (x,y)$, la (1.4) diviene:

$$(c,d) + (x,y) = (a,b) \quad ;$$

eseguendo l'*addizione* che compare al primo membro, si ha:

$$(c+x, d+y) = (a,b).$$

Tale uguaglianza è verificata se la coppia (x,y) è soluzione del sistema:

$$\begin{cases} c + x = a \\ d + y = b \end{cases}$$

Risolvendo tale sistema otteniamo:

$$z = z_1 - z_2 = (a - c, b - d) \tag{1.5}$$

Definizione di divisione
La *divisione* è l'operazione che associa ad ogni coppia ordinata (z_1, z_2) di numeri di $\mathbb{C}$ con $z_2 \neq (0,0)$, un numero $z \in \mathbb{C}$ tale che

$$z_2 \cdot z = z_1 \tag{1.6}$$

Tale numero z si chiama *quoziente* dei numeri z_1 e z_2 e si denota abitualmente con $\frac{z_1}{z_2}$.

Se è $z_1 = (a,b)$ e $z_2 = (c,d) \neq (0,0)$, il numero z che verifica la (1.6) cioè il *quoziente* $\frac{z_1}{z_2}$ si può calcolare cosí:
posto $z = (x,y)$, la (1.6) diviene:

$$(c,d) \cdot (x,y) = (a,b) \quad ;$$

eseguendo la *moltiplicazione* che compare al primo membro, si ha:

$$(c \cdot x - d \cdot y, c \cdot y + d \cdot x) = (a,b).$$

Tale uguaglianza è verificata se la coppia (x, y) è soluzione del sistema:

$$\begin{cases} c \cdot x - d \cdot y = a \\ c \cdot y + d \cdot x = b \end{cases}$$

Risolvendo tale sistema otteniamo:

$$z = \frac{z_1}{z_2} = \left(\frac{a \cdot c + b \cdot d}{c^2 + d^2}, \frac{b \cdot c - a \cdot d}{c^2 + d^2} \right) \qquad (1.7)$$

Per completare, definiamo le *potenze ad esponente intero* e le *radici n-esime* dei numeri complessi.

1.3 Potenze ad esponente intero e radici n-esime dei numeri complessi

Per quanto riguarda le *definizioni di potenza ad esponente intero positivo n* e di *radice n-esima* di un *numero complesso z*, si adottano le stesse definizioni date per un *numero reale x* e pertanto si usano le stesse notazioni e la stessa terminologia.

Cominciamo con il definire la *potenza* avente per *base* un qualsiasi numero complesso z e per *esponente* un numero intero positivo n.

Tale potenza viene denotata con il simbolo z^n, chiamata *potenza n-esima* di z e definita cosí:

> *Definizione di potenza n-esima di un numero complesso z*
> **Dato un numero complesso z ed un numero intero positivo n, si chiama *potenza n-esima di z* e si denota con il simbolo z^n, quel numero complesso cosí definito:**
>
> $$z^n = \begin{cases} z & \text{, se è } n = 1 \\ z^{n-1} \cdot z & \text{, se è } n \geq 2 \end{cases} \qquad (1.8)$$

Da tale definizione segue che:

– se è $z = (0, 0)$ allora risulta $z^n = (0, 0)$, $\forall\, n \geq 1$.

§ 1.3 Potenze e radici in ℂ

Se è $z \neq (0,0)$ si definiscono anche:

- la potenza di *base* z ed *esponente* 0: z^0
- la potenza di *base* z ed *esponente* $-n$: z^{-n}

Le due definizioni sono:

$$z^0 = (1,0) \quad , \forall z \in \mathbb{C} - \{(0,0)\} \tag{1.9}$$

e

$$z^{-n} = \frac{(1,0)}{z^n} \quad , \forall z \in \mathbb{C} - \{(0,0)\} \text{ e } \forall n \geq 1 \tag{1.10}$$

Le potenze dei numeri complessi godono delle stesse *proprietà* delle potenze dei numeri reali.

Ricordiamole!

1. $z^m \cdot z^n = z^{m+n}$

2. $z_1^n \cdot z_2^n = (z_1 \cdot z_2)^n$

3. $\frac{z^m}{z^n} = z^{m-n}$

4. $\frac{z_1^n}{z_2^n} = \left(\frac{z_1}{z_2}\right)^n$

5. $(z^m)^n = z^{m \cdot n}$

Prima di definire la *radice n-esima* di un numero complesso, data l'importanza dell'argomento, vogliamo qui ricordare rapidamente quanto abbiamo appreso dalle Scuole Superiori circa la definizione di *radice n-esima di un numero reale a*.

> *Definizione di radice n-esima di un numero reale a*
> **Dato un numero reale a e un numero intero positivo n, si chiama *radice n-esima* di a e si denota con il simbolo $a^{\frac{1}{n}}$, ogni numero reale ξ tale che risulti:**
>
> $$\xi^n = a$$

Se è $a = 0$, qualunque sia $n \geq 1$ si ha $\xi = 0$; se invece è $a \neq 0$ occorre distinguere vari casi.

Se è n *dispari*, esiste in $\mathbb{R}$ *una sola radice n-esima* di a ed ha lo stesso segno di a.

Se n è *pari* ed $a > 0$, esistono in $\mathbb{R}$ *due radici n-esime* di a: una *positiva* ed una *negativa* tra loro *opposte*.

Se è n *pari* ed $a < 0$, non esiste in $\mathbb{R}$ alcuna *radice n-esima* di a.

Il simbolo $a^{\frac{1}{n}}$ con cui abbiamo denotato (nella definizione) ogni *radice n-esima* di a assume quindi:

- un solo valore se n è *dispari*

- due valori opposti se è n *pari* ed $a > 0$

- nessun valore se è n *pari* ed $a < 0$

Da quanto abbiamo detto segue che:

- se è $a > 0$, poiché tanto se n è *dispari*, come se è *pari*, esiste in $\mathbb{R}$ una *sola radice n-esima positiva* di a che prende il nome di *radice aritmetica n-esima di a*. Tale radice si denota con il simbolo $\sqrt[n]{a}$.

Poiché se è n *dispari*, i numeri opposti a e $-a$ hanno *radici n-esime opposte*, se è $a > 0$, avendo denotato la sua unica *radice n-esima* con il simbolo $\sqrt[n]{a}$, la *radice n-esima* di $-a$, oltre che con il simbolo $(-a)^{\frac{1}{n}}$, può essere denotata con $-\sqrt[n]{a}$.

Se invece, è n *pari* ed $a > 0$, essendo le sue due *radici n-esime opposte*, se denotiamo la *radice n-esima positiva* con il simbolo $\sqrt[n]{a}$, quella *negativa* può essere denotata con $-\sqrt[n]{a}$.

Diamo ora la definizione di *radice n-esima* di un numero complesso z !

Definizione di radice n-esima di un numero complesso z
Dato un numero complesso z ed un numero intero positivo n, si chiama radice n-esima di z e si denota con il simbolo $z^{\frac{1}{n}}$, ogni numero complesso ω tale che risulti
$$\omega^n = z \tag{1.11}$$

§ 1.4 Relazione tra $\mathbb{C}$ ed $\mathbb{R}$

Se è $z = (0,0)$, qualunque sia $n \geq 1$ si ha $\omega = (0,0)$; se invece è $z \neq (0,0)$ vedremo nel *paragrafo* 1.10 che esistono n numeri complessi che soddisfano la (1.11) quindi esistono n *radici n-esime* del numero complesso z.

Nel *paragrafo* 1.7 impareremo ad eseguire rapidamente le *operazioni* di *addizione, moltiplicazione, sottrazione* e *divisione*, che abbiamo definito nei *paragrafi* 1.1 ed 1.2 e successivamente nel *paragrafo* 1.10 a calcolare la *potenza n-esima* e le *radici n-esime* di un numero complesso z.

Vediamo intanto che relazione c'è tra l'*insieme* $\mathbb{C}$ che abbiamo costruito e l'*insieme* $\mathbb{R}$.

1.4 Relazione tra l'insieme $\mathbb{C}$ e l'insieme $\mathbb{R}$

L'obiettivo che ci siamo posti nel *paragrafo* 1.1 era quello di costruire un insieme "più ampio" di $\mathbb{R}$, quindi che contenesse $\mathbb{R}$ come sottoinsieme.

Poiché gli elementi di $\mathbb{R}$ sono numeri reali mentre quelli di $\mathbb{C}$, coppie ordinate di numeri reali, non potendo essere $\mathbb{R}$ sottoinsieme di $\mathbb{C}$, sembrerebbe che l'insieme $\mathbb{C}$ non avesse nulla a che fare con l'insieme che stiamo cercando.

Vediamo come stanno veramente le cose!

Se consideriamo il *sottoinsieme* $\mathbb{C}'$ di $\mathbb{C}$ cosí fatto

$$\mathbb{C}' = \{(a, b) \in \mathbb{C} \ : \ b = 0\},$$

constatiamo che:

1. la *somma* e il *prodotto* di due numeri di $\mathbb{C}'$ sono ancora numeri di $\mathbb{C}'$ [1]

2. il sottoinsieme $\mathbb{C}'$ può essere posto in *corrispondenza biunivoca* con l'insieme $\mathbb{R}$ al modo seguente:

$$(a, 0) \leftrightarrow a \qquad , \forall a \in \mathbb{R} \tag{1.12}$$

e tale *corrispondenza* gode della seguente *proprietà*:

---
[1] Con linguaggio tecnico il verificarsi di tale fatto si esprime dicendo che il sottoinsieme $\mathbb{C}'$ di $\mathbb{C}$ è *chiuso* rispetto alle *operazioni* di *addizione* e *moltiplicazione*.

– se *addizioniamo* o *moltiplichiamo* due numeri di $\mathbb{C}'$ ed i numeri di $\mathbb{R}$ ad essi *corrispondenti* secondo la (1.12), anche la *somma* e il *prodotto* si *corrispondono*.

Si ha infatti:

$$(a,0) + (a',0) = (a+a', 0+0) = (a+a', 0) \leftrightarrow a+a'.$$

e

$$(a,0) \cdot (a',0) = (a \cdot a' - 0 \cdot 0, a \cdot 0 + 0 \cdot a') = (a \cdot a', 0) \leftrightarrow a \cdot a'.$$

Il verificarsi di tale circostanza, con linguaggio tecnico, si esprime dicendo che gli insiemi $\mathbb{C}'$ ed $\mathbb{R}$ sono due *insiemi isomorfi* rispetto alle operazioni di *addizione* e *moltiplicazione* in essi introdotte e la *corrispondenza* (1.12) che li lega, si chiama *isomorfismo* tra $\mathbb{C}'$ e $\mathbb{R}$.

Nel seguito, per esprimere che $\mathbb{C}'$ e $\mathbb{R}$ sono due *insiemi isomorfi*, scriveremo:

$$\mathbb{C}' \leftrightarrow \mathbb{R} \quad .$$

Poiché le *operazioni di sottrazione e divisione* e la *definizione di potenza n-esima* di un numero complesso poggiano sulle *operazioni di addizione* e *moltiplicazione*, è facile convincersi che quanto abbiamo detto circa le *somme* ed i *prodotti* dei numeri che si corrispondono nell'isomorfismo (1.12) vale anche per le *differenze*, i *quozienti* e le *potenze n-esime*.

Per quanto riguarda invece le *radici n-esime* di un numero $a \in \mathbb{R}$ e del numero ad esso corrispondente $(a,0) \in \mathbb{C}'$, ciò che si può dire è questo:

– poiché, come vedremo nel *paragrafo 1.12*, il numero complesso $(a,0)$ ha n *radici n-esime* in $\mathbb{C}$ mentre il numero reale a ne ha: *nessuna, una* o *due* in $\mathbb{R}$, si corrispondono secondo l'*isomorfismo* (1.12) solamente le *radici n-esime* di $(a,0)$ che appartengono a $\mathbb{C}'$ e le *radici n-esime di a*; se il numero reale a non ha quindi alcuna radice n-esima in $\mathbb{R}$, nessuna delle radici n-esime del numero complesso $(a,0)$ appartiene a $\mathbb{C}'$.

Concludendo possiamo allora dire:

§ 1.4 Relazione tra $\mathbb{C}$ ed $\mathbb{R}$

- L'insieme $\mathbb{R}$ non è un sottoinsieme di $\mathbb{C}$ ma è *isomorfo* al sottoinsieme $\mathbb{C}'$ di esso; in simboli:

$$\mathbb{R} \leftrightarrow \mathbb{C}' \subset \mathbb{C}. \tag{1.13}$$

Il fatto che $\mathbb{C}'$ e $\mathbb{R}$ siano *isomorfi* consente di riguardarli come due *rappresentazioni distinte* di uno stesso "oggetto matematico" che prende il nome di *struttura algebrica*[2]

Non possiamo qui dilungarci su tale questione perché ci porterebbe lontano; l'unica cosa che vogliamo invece dire, per fissare le idee, è che $\mathbb{C}'$ e $\mathbb{R}$ sono l'analogo di due "formule" distinte che rappresentano la *legge d'associazione di una data funzione* per cui si può passare dall'uno all'altro a seconda dell'esigenza del problema da studiare.

L'*isomorfismo* esistente tra $\mathbb{C}'$ e $\mathbb{R}$ ed il fatto che $\mathbb{C}'$ sia un *sottoinsieme* di $\mathbb{C}$ ci consente:

1. di concludere che $\mathbb{C}$ è un "ampliamento" di $\mathbb{R}$ e quindi di legittimare la scrittura:

$$\mathbb{R} \subset \mathbb{C}$$

che sarebbe priva di senso dal punto di vista della *teoria degli insiemi*.

2. di chiamare i numeri di $\mathbb{C}'$, *numeri complessi reali*, mentre quelli dell'insieme

$$\mathbb{C}'' = \{(a, b) \in \mathbb{C} : a = 0\}$$

vengano chiamati *numeri complessi immaginari*.

3. di formulare due *regole di comportamento* per operare con essi.

---

[2]Tratteremo ampiamente tale questione nel libro "Relazioni d'equivalenza, d'ordine e strutture algebriche" della collana "Algebra lineare e geometria analitica a portata di clic".

1.5 Regole di comportamento per operare con i numeri di $\mathbb{R}$ e di $\mathbb{C}'$

1ª regola di comportamento

Se dobbiamo *operare*, con qualcuna delle *quattro operazioni* introdotte, sui numeri di $\mathbb{C}'$, possiamo *operare* invece, con le operazioni omonime, sui numeri di $\mathbb{R}$ ad essi corrispondenti secondo la (1.12). Cosí facendo si ottiene come risultato un numero $a \in \mathbb{R}$; il numero $(a, 0) \in \mathbb{C}'$ ad esso corrispondente (secondo la (1.12)) sarà il risultato del calcolo inizialmente proposto.

Un discorso analogo vale per il *calcolo delle potenze n-esime* dei numeri di $\mathbb{C}'$.

Per quanto riguarda invece il *calcolo delle radici n-esime* dei numeri di $\mathbb{C}'$ diversi da $(0, 0)$, da quanto abbiamo chiarito nel paragrafo precedente segue che utilizzando tale *regola di comportamento* si trovano solo le *radici n-esime* dei numeri di $\mathbb{C}'$ che appartengono a $\mathbb{C}'$.

2ª regola di comportamento

Se dobbiamo *risolvere un problema* i cui dati sono *numeri* di $\mathbb{R}$ e le operazioni da eseguire su di essi sono le *quattro operazioni* introdotte, oppure vi sono *calcoli di potenze* o di *radici* da fare, possiamo procedere così:

a) sostituire i dati del *problema assegnato* con i *numeri* di $\mathbb{C}'$ ad essi corrispondenti secondo la (1.12)

b) se sui *dati iniziali* del problema vi sono da fare solo le *quattro operazioni* introdotte, operare sui nuovi dati del problema con le *operazioni omonime*.

Così facendo si ottiene un numero $(a, 0)$ di $\mathbb{C}'$; il numero a di $\mathbb{R}$ ed esso corrispondente secondo la (1.12) è il risultato del problema inizialmente proposto.

Un discorso analogo vale se sui *dati iniziali* del problema vi è qualche *calcolo di potenza n-esima* da fare.

§ 1.6 Rappresentazioni geometriche di $\mathbb{C}$ 13

Se infine sui *dati iniziali* del problema vi è qualche *calcolo di radice n-esima* da fare, eseguendo il *calcolo omonimo* sui nuovi dati che sono numeri di $\mathbb{C}'$ otteniamo, se questi ultimi non sono nulli, n *radici n-esime* appartenenti a $\mathbb{C}$.

Se *qualcuna* di tali radici appartiene a $\mathbb{C}'$, il numero reale ad essa corrispondente secondo la (1.12) è *soluzione* del problema inizialmente proposto.

Se invece *nessuna* delle n *radici n-esime* appartiene a $\mathbb{C}'$ allora il problema (inizialmente proposto) non ha *soluzioni* in $\mathbb{R}$; in quest'ultimo caso è invalso l'uso di dire che il problema (inizialmente proposto) ha tutte le n *soluzioni* in $\mathbb{C}$.

Resta ora da controllare se l'insieme $\mathbb{C}$ assolve al compito per cui è stato costruito; di questo ci occuperemo più avanti.

Parliamo intanto delle *rappresentazioni* dell'insieme $\mathbb{C}$ cominciando da quelle *geometriche*.

1.6 Rappresentazioni geometriche dell'insieme $\mathbb{C}$

Poiché i numeri complessi sono *coppie ordinate di numeri reali*, ciascuno di essi si può rappresentare con un punto del piano cartesiano e quindi l'insieme $\mathbb{C}$ da essi costituito, con l'intero piano cartesiano.

Quest'ultimo, quando viene utilizzato per rappresentare $\mathbb{C}$, prende il nome di *piano di Gauss*.

Il sottoinsieme $\mathbb{C}'$ di $\mathbb{C}$, cioè l'*insieme dei numeri complessi reali*, è rappresentato dai punti dell'*asse delle ascisse* mentre l'insieme $\mathbb{C}''$ dei *numeri complessi immaginari*, da quelli dell'*asse delle ordinate*.

Questa è la ragione per cui l'*asse delle ascisse* prende il nome di *asse reale*, mentre quello delle *ordinate* di *asse immaginario*.

Numeri complessi coniugati: $z = (a, b)$ e $\overline{z} = (a, -b)$, se non coincidono, cioè se è $b \neq 0$, sono rappresentati da *punti simmetrici* rispetto all'asse delle ascisse.

La rappresentazione di $\mathbb{C}$, mediante il *piano di Gauss*, ci suggerisce due definizioni.
Diamole!

> *Definizione di modulo di un numero complesso*
> **Dato un numero complesso $z = (a,b)$ sia P il punto del piano di Gauss che lo rappresenta. Si chiama *modulo* di z e si denota con il simbolo $|z|$, la distanza che il punto P ha dal punto O, cioè:**
> $$|z| = d(O,P) = \sqrt{a^2 + b^2} \qquad (1.14)$$

Se il punto P appartiene all'asse delle ascisse, cioè rappresenta un numero complesso $z = (a,0) \in \mathbb{C}'$, per la (1.14) si ha:

$$|z| = \sqrt{a^2 + 0^2} = |a|$$

quindi $|z|$ coincide con il *valore assoluto* del numero reale a ad esso corrispondente.

Dalla definizione di *modulo* di z segue che:

1. *numeri complessi coniugati* hanno lo stesso *modulo*. Si ha infatti:

$$|\bar{z}| = \sqrt{a^2 + (-b)^2} = \sqrt{a^2 + b^2} = |z|$$

2. data una qualunque circonferenza del piano di Gauss di *centro O* e *raggio* $r > 0$, ogni punto P di essa rappresenta un *numero complesso* z il cui *modulo* $|z|$ vale r.

3. dati due *numeri complessi* $z_1 = (a,b)$ e $z_2 = (c,d)$ e detti rispettivamente P_1 e P_2 i punti che li rappresentano nel piano di Gauss, $|z_1 - z_2|$ esprime la distanza $d(P_1, P_2)$ tra detti punti.

   Si ha infatti:
   $$z_1 - z_2 = (a - c, b - d)$$
   e quindi
   $$|z_1 - z_2| = \sqrt{(a-c)^2 + (b-d)^2} = d(P_1, P_2)$$

§ 1.6 Rappresentazioni geometriche di $\mathbb{C}$ 15

Dalla 3. segue che:

- Possiamo rappresentare per mezzo di equazioni, disequazioni, sistemi di disequazioni nell'incognita $|z|$ oppure $|z - z_0|$ (ove z_0 è un numero complesso assegnato) alcuni insiemi del piano di Gauss come: circonferenze, dischi, corone circolari, ecc ...

Dato un numero complesso $z \neq (0,0)$, esso è rappresentato da un punto $P \neq O$ del piano di Gauss. Al punto P e quindi a z, resta associato l'*angolo orientato* (s,t) *in posizione normale* [3], ove:

t è la semiretta di *origine* O e *passante* per P.

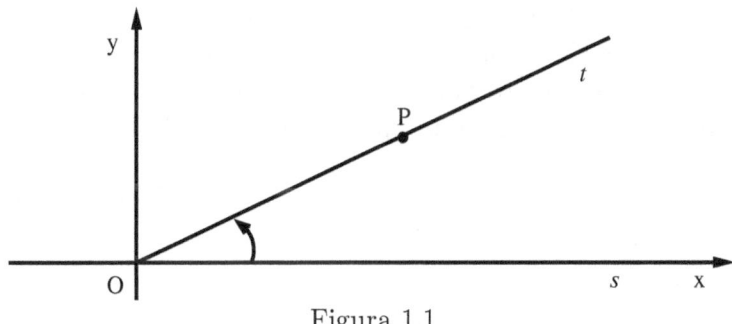

Figura 1.1

---

[3]Ricordiamo che un *angolo orientato* (s,t) del piano cartesiano è in *posizione normale* se ha il *vertice* nel punto origine del sistema di coordinate e la semiretta s coincidente con il semiasse positivo delle ascisse.
Vedere il libro "Funzioni reali di una variabile reale", paragrafo 3.4.

Ciò premesso poniamo la seguente definizione:

Definizione di argomento di un numero complesso
Dato un numero complesso $z = (a,b) \neq (0,0)$ si chiama *argomento* di z e si denota con il simbolo Arg z, l'insieme delle infinite misure (in radianti) dell'*angolo orientato* (s,t), in posizione normale, ad esso associato.

Detta φ_0 una delle (infinite) *misure* di (s,t), possiamo scrivere:

$$\text{Arg } z = \{\varphi \in \mathbb{R} : \varphi = \varphi_0 + 2k\pi, \text{ con } k \in \mathbb{Z}\} \qquad (1.15)$$

La *misura principale* di (s,t) prende il nome di *argomento principale* di z e si denota con il simbolo arg z.

La scelta di quale delle infinite misure di (s,t) assumere come *misura principale* è frutto di una convenzione.

Nel libro "Funzioni reali di una variabile reale", *paragrafo* 3.7, abbiamo scelto come *misura principale* quella appartenente all'intervallo $[0, 2\pi)$ perché è la misura di (s,t) che meglio risponde alle esigenze della nostra intuizione; qui, per comodità di calcolo, scegliamo invece come *misura principale* quella appartenente all'intervallo $(-\pi, \pi]$ e quindi poniamo:

$$\arg z \in (-\pi, \pi] \qquad (1.16)$$

Dalla definizione di Arg z segue che:

1. non ha senso parlare di Arg z se è $z = (0,0)$; in tal caso infatti al numero z restano associati infiniti angoli perchè il punto P che rappresenta il numero complesso $z = (0,0)$ coincide con il punto O (punto origine) e quindi ogni semiretta di origine O passa per P.

2. a *numeri complessi coniugati* distinti $z = (a,b)$ e $\overline{z} = (a,-b)$ restano associati *angoli orientati opposti* e pertanto se $\arg z = \varphi$ risulta $\arg \overline{z} = -\varphi$.

§ 1.6 Rappresentazioni geometriche di $\mathbb{C}$

3. a tutti i *numeri complessi* z, rappresentati nel *piano di Gauss* dai punti P di una *stessa semiretta* t avente come origine O e privata di O, resta associato lo stesso *angolo orientato* (s,t) e pertanto hanno lo stesso *argomento*:

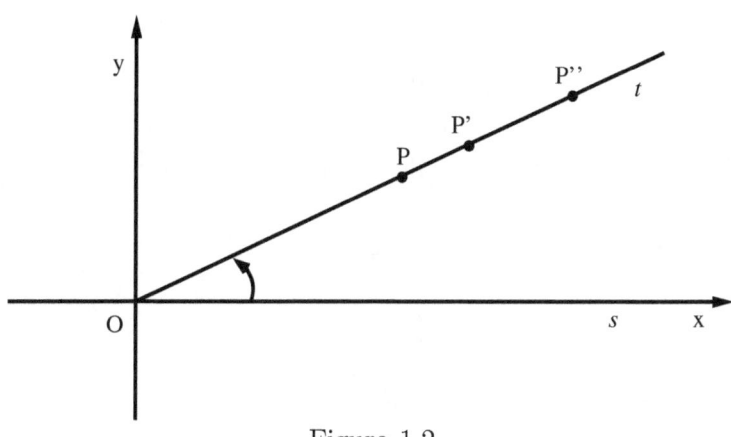

Figura 1.2

A questo punto, dato un numero complesso $z = (a, b)$, siamo in condizioni, senza fare calcoli, di dire quale è l'arg z o per lo meno di individuare il *sottointervallo* di $(-\pi, \pi]$ a cui esso appartiene.

Raduniamo nella seguente tabella ciò che succede nei distinti casi:

$$
\begin{array}{l}
\text{se è } a > 0 \text{ e } b = 0 \text{ allora } \arg z = 0 \\
\text{se è } a < 0 \text{ e } b = 0 \text{ allora } \arg z = \pi \\
\text{se è } a = 0 \text{ e } b > 0 \text{ allora } \arg z = \tfrac{\pi}{2} \\
\text{se è } a = 0 \text{ e } b < 0 \text{ allora } \arg z = -\tfrac{\pi}{2} \\
\text{se è } a > 0 \text{ e } b > 0 \text{ allora } \arg z \in \left(0, \tfrac{\pi}{2}\right) \\
\text{se è } a < 0 \text{ e } b > 0 \text{ allora } \arg z \in \left(\tfrac{\pi}{2}, \pi\right) \\
\text{se è } a < 0 \text{ e } b < 0 \text{ allora } \arg z \in \left(-\pi, -\tfrac{\pi}{2}\right) \\
\text{se è } a > 0 \text{ e } b < 0 \text{ allora } \arg z \in \left(-\tfrac{\pi}{2}, 0\right)
\end{array}
$$

La *rappresentazione geometrica* di $\mathbb{C}$ con i punti del *piano di Gauss*, oltre ad averci suggerito le *definizioni di modulo* ed *argomento* di un numero complesso $z = (a, b) \neq (0, 0)$, ci fa anche comprendere come dalla sola conoscenza del *modulo* e dell'*argomento* di un numero complesso, si può risalire al numero stesso.

Vediamo come!

La conoscenza di $|z|$ ci dice che il punto P, che rappresenta z, appartiene alla *circonferenza* del piano di Gauss di *centro* O e *raggio* $|z|$.

La conoscenza di Arg z ci dice che il punto P, che rappresenta z, appartiene alla *semiretta t* dell'angolo orientato (s, t) in *posizione normale* il cui insieme delle misure è Arg z.

§ 1.6 Rappresentazioni geometriche di $\mathbb{C}$ 19

Il punto P, dovendo appartenere sia alla circonferenza che alla semiretta suddette, è il *punto d'intersezione* di esse e pertanto è determinato.
La figura seguente illustra quanto abbiamo detto.

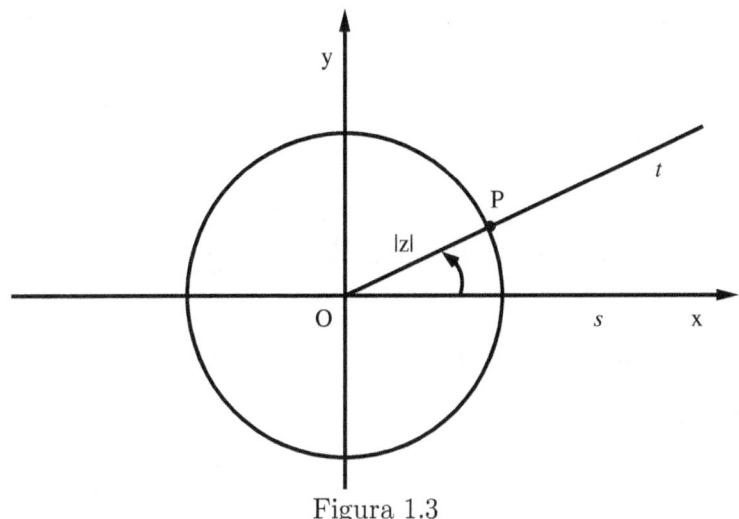

Figura 1.3

Le coordinate di P sono:

$$a = |z| \cdot \cos \varphi \qquad (1.17)$$
$$b = |z| \cdot \sin \varphi$$

ove φ è una qualunque delle misure dell'*angolo orientato* (s,t), cioè è un qualunque elemento di Arg z.

Il *numero complesso* z è quindi:

$$z = (a, b) = (|z| \cdot \cos \varphi, \ |z| \cdot \sin \varphi).$$

La figura 1.3 ci suggerisce anche un *criterio di uguaglianza* tra due numeri complessi z e z' espresso in termini di *modulo* ed *argomento*.

È di questo che ci parla il seguente teorema di cui non daremo la facile dimostrazione.

Teorema 1.1 *Dati due numeri complessi z e z', entrambi $\neq (0,0)$, condizione necessaria e sufficiente affinché essi siano uguali è che abbiano lo stesso modulo e lo stesso argomento.*

In simboli:

$$z = z' \Leftrightarrow |z| = |z'| \quad ed \quad \text{Arg } z = \text{Arg } z'.$$

Oltre alla *rappresentazione geometrica* di $\mathbb{C}$ con i *punti* del *piano di Gauss*, vi è anche la *rappresentazione geometrica* di $\mathbb{C}$ con i *vettori* (*geometrici*) del piano, la quale permette di visualizzare alcune proprietà dei numeri complessi; di essa non vogliamo qui parlare perché non avremo occasione di farne uso.

Occupiamoci ora delle *rappresentazioni analitiche* dei numeri complessi cominciando dalla *rappresentazione algebrica* di essi.

1.7 Rappresentazione algebrica dei numeri complessi

Se dobbiamo calcolare un'"espressione" in cui compaiono numeri complessi "legati" tra loro dalle *operazioni* che abbiamo definito nel *paragrafo 1.2*, in generale il calcolo è molto "ingombrante" almeno che tali numeri non siano tutti *numeri complessi reali* cioè numeri appartenenti a $\mathbb{C}'$; in tal caso, tenendo presente la 1^a *regola di comportamento* enunciata nel *paragrafo* 1.5, nell'eseguire il calcolo, si può procedere come nell'esempio seguente.

Esempio 1.1 *Supponiamo di dover calcolare l'"espressione":*

$$\frac{(3,0) - (1,0) \cdot (3,0) + (-1,0)}{(3,0)} + (1,0) \tag{1.18}$$

Si può procedere così:

a) *si riscrive l'"espressione" data sostituendo ogni numero, che in essa compare, con il numero reale corrispondente secondo la (1.12).*

   Così facendo si ottiene quest'altra "espressione":

$$\frac{3 - 1 \cdot 3 - 1}{3} + 1$$

§ 1.7 Rappresentazione algebrica di $\mathbb{C}$

b) si calcola il valore di quest'ultima e si ottiene: $\frac{2}{3}$.

c) il numero complesso $(\frac{2}{3}, 0)$ corrispondente al numero $\frac{2}{3}$ sempre secondo la (1.12), è il valore della (1.18).

La facilità con cui si eseguono i calcoli con i numeri di $\mathbb{C}'$ ci fa porre il problema di vedere se è possibile esprimere un qualunque *numero complesso* $z = (a, b)$ mediante *numeri* di $\mathbb{C}'$.
Vediamo allora se ciò è possibile!

Dato un qualunque *numero complesso* $z = (a, b)$, per la (1.2) si può scrivere:

$$z = (a, b) = (a, 0) + (0, b) \quad ; \quad (1.19)$$

per la (1.3) poi, si ha

$$(0, b) = (0, 1) \cdot (b, 0) \quad ;$$

tenendo conto di ciò, la (1.19) diviene:

$$z = (a, b) = (a, 0) + (0, 1) \cdot (b, 0) \quad . \quad (1.20)$$

Nella (1.20) il *numero complesso* $z = (a, b)$ è espresso per mezzo dei due *numeri complessi* $(a, 0)$ e $(b, 0) \in \mathbb{C}'$ e del *numero complesso* $(0, 1) \in \mathbb{C}''$.

Se denotiamo quest'ultimo con la lettera i, cioè poniamo:

$$i = (0, 1) \quad (1.21)$$

e sostituiamo nella (1.20) i numeri complessi $(a, 0)$ e $(b, 0)$ con i numeri reali a e b, ad essi corrispondenti secondo la (1.12), otteniamo:

$$z = (a, b) = a + i \cdot b \quad (1.22)$$

Il membro di destra della (1.22) prende il nome di *rappresentazione algebrica* del numero complesso $z = (a, b)$.

In tale rappresentazione il termine a si chiama *parte reale* mentre il termine $i \cdot b$, *parte immaginaria* del numero complesso $z = (a, b)$.

Il numero b poi, è chiamato *coefficiente della parte immaginaria* ed il numero $i = (0, 1)$, *unità immaginaria*.

Per denotare la *parte reale* a ed il *coefficiente della parte immaginaria* b di z sono in uso le seguenti notazioni:

$$\mathcal{R}e(z) \quad \text{e} \quad \mathcal{I}m(z).$$

Se il *numero complesso* z appartiene a $\mathbb{C}'$, cioè è un *numero complesso reale*, la sua *rappresentazione algebrica* coincide con il *numero reale* a cui esso corrisponde secondo la (1.12).

Questo fatto si sfrutta nel denotare il *prodotto* di due numeri complessi z_1 e z_2 di cui uno appartenente a $\mathbb{C}'$. Se è ad esempio $z_1 = (a, 0)$ e $z_2 = (b, c)$, invece di scrivere:

$$z_1 \cdot z_2 = (a, 0) \cdot (b, c)$$

possiamo scrivere più rapidamente: $a \cdot z_2$.

Se pensiamo infatti alle *rappresentazioni algebriche* dei due numeri, si ha:

$$z_1 \cdot z_2 = a \cdot (b + i \cdot c) = a \cdot z_2.$$

Nel seguito faremo uso di tale scrittura abbreviata.

A proposito del numero $i = (0, 1)$ osserviamo che:

$$i^2 = i \cdot i = (0, 1) \cdot (0, 1) = (0 \cdot 0 - 1 \cdot 1, 0 \cdot 1 + 1 \cdot 0) = (-1, 0)$$

quindi i^2 è un numero di $\mathbb{C}'$ cioè un *numero complesso reale* e la sua *rappresentazione algebrica* è:

$$i^2 = -1 \tag{1.23}$$

Dalla (1.23) segue che:

$$\begin{aligned}
i^3 &= i^2 \cdot i = -1 \cdot i = -i \\
i^4 &= (i^2)^2 = (-1)^2 = 1 \\
i^5 &= i^{4+1} = i^4 \cdot i = (i^2)^2 \cdot i = (-1)^2 \cdot i = 1 \cdot i = i \\
i^6 &= (i^2)^3 = (-1)^3 = -1 \\
i^7 &= i^{6+1} = (i^2)^3 \cdot i = (-1)^3 \cdot i = -i \\
i^8 &= (i^2)^4 = (-1)^4 = 1 \\
i^9 &= i^{8+1} = i^8 \cdot i = (i^2)^4 \cdot i = (-1)^4 \cdot i = 1 \cdot i = i \\
&\text{ecc}\ldots
\end{aligned}$$

§ 1.8 Commento alla rappresentazione algebrica di $\mathbb{C}$

Facciamo ora un rapido commento alla rappresentazione introdotta e mostriamone gli usi.

1.8 Commento alla rappresentazione algebrica dei numeri complessi e suoi usi

Se riguardiamo i come un'incognita, la *rappresentazione algebrica* $a + i \cdot b$ del numero complesso $z = (a, b) \neq (0, 0)$ si presenta come un *binomio di grado* ≤ 1:

- di *grado* 1 se il *coefficiente* b *della parte immaginaria* è $\neq 0$.

- di *grado* 0 se il *coefficiente* b *della parte immaginaria* è $= 0$, cioè il numero complesso z è un *numero complesso reale*.

Se dobbiamo quindi calcolare un' "espressione" in cui vi compaiono *numeri complessi* "legati" tra loro dalle *operazioni* che abbiamo definito nel *paragrafo* 1.2 e rappresentiamo ciascun *numero complesso*, che in essa compare, per mezzo della sua *rappresentazione algebrica*, otteniamo una nuova "espressione" del tutto simile a quelle incontrate nelle prime classi delle Scuole Superiori, per cui possiamo eseguire i calcoli con le *regole relative ai numeri reali* con la sola *regola aggiuntiva* espressa dalla (1.23).

Spieghiamoci con un esempio!

Esempio 1.2 *Supponiamo di dover calcolare l'"espressione"*.

$$(1, 1)^2 + (1, 3) \cdot (2, -1) - (1, 1).$$

In essa compaiono i tre numeri complessi: $(1, 1), (1, 3)$ *e* $(2, -1)$.

Se rappresentiamo ciascuno di essi per mezzo della sua rappresentazione algebrica, otteniamo quest'altra "espressione":

$$(1 + i)^2 + (1 + i \cdot 3) \cdot (2 - i) - (1 + i).$$

Facendo i calcoli con le regole dianzi dette, si ha:

$$\begin{aligned}
(1+i)^2 &+ (1+i\cdot 3)\cdot(2-i) - (1+i) = \\
&= 1 + 2i + i^2 + 2 - i + i\cdot 6 - i^2\cdot 3 - 1 - i = \\
&= \not{1} + 2i - \not{1} + 2 - i + i\cdot 6 + 3 - 1 - i = \\
&= (2 + 3 - 1) + i\cdot(2 - 1 + 6 - 1) = 4 + i\cdot 6
\end{aligned}$$

Conclusione: il risultato del calcolo dell'"espressione" assegnata è il numero complesso $z = (4,6)$.

Per sfruttare al meglio la *rappresentazione algebrica*, facciamo un'osservazione circa il procedimento di calcolo del *quoziente* $\dfrac{z_1}{z_2}$ tra due numeri complessi $z_1 = (a,b)$ e $z_2 = (c,d) \neq (0,0)$.

Osservazione

Nel calcolare il quoziente $\dfrac{z_1}{z_2} = \dfrac{(a,b)}{(c,d)}$, se facciamo uso della definizione data nel *paragrafo* 1.2, anche se utilizziamo le *rappresentazioni algebriche* di z_1 e z_2, il procedimento resta comunque lungo.

Occorre infatti trovare un numero complesso $z = (x,y)$ tale che risulti:

$$(c + i\cdot d)\cdot(x + i\cdot y) = (a + i\cdot b) \quad ;$$

ciò comporta la risoluzione di un sistema di due equazioni nelle due incognite x e y.

Se invece teniamo presente che:

1. se è $z_2 = (c,0)$ con $c \neq 0$ si ha:

$$\frac{z_1}{z_2} = \frac{(a,b)}{(c,0)} = \frac{a + i\cdot b}{c} = \frac{a}{c} + i\cdot\frac{b}{c}$$

2. comunque si scelga un numero complesso $\omega \neq (0,0)$ si ha:

$$\frac{z_1}{z_2} = \frac{z_1\cdot\omega}{z_2\cdot\omega}$$

§ 1.8 Commento alla rappresentazione algebrica di $\mathbb{C}$ 25

3. per ogni numero complesso $z = (a,b)$ si ha:
$$\begin{aligned} z \cdot \overline{z} &= (a,b) \cdot (a,-b) = (a+i\cdot b) \cdot (a-i\cdot b) = \\ &= a^2 - (i\cdot b)^2 = a^2 - (-1)\cdot b^2 \\ &= a^2 + b^2 \quad ; \end{aligned}$$

per calcolare $\frac{z_1}{z_2}$ (con $z_2 \notin \mathbb{C}'$) quindi, basta moltiplicare numeratore e denominatore per $\omega = \overline{z}_2$ per ricondurci, in virtù della 3., al caso 1.

Facciamo i calcoli!
$$\begin{aligned} \frac{z_1}{z_2} &= \frac{(a,b)}{(c,d)} = \frac{a+i\cdot b}{c+i\cdot d} = \frac{(a+i\cdot b)\cdot(c-i\cdot d)}{(c+i\cdot d)\cdot(c-i\cdot d)} = \\ &= \frac{a\cdot c - i\cdot a\cdot d + i\cdot b\cdot c + b\cdot d}{c^2+d^2} = \\ &= \frac{(a\cdot c + b\cdot d) + i\cdot(b\cdot c - a\cdot d)}{c^2+d^2} = \\ &= \frac{a\cdot c + b\cdot d}{c^2+d^2} + i\cdot \frac{b\cdot c - a\cdot d}{c^2+d^2}. \end{aligned}$$

Dopo quest'ultima osservazione che agilizza il calcolo del *quoziente* $\frac{z_1}{z_2}$, possiamo concludere che la *rappresentazione algebrica* dei numeri complessi è pratica quando si debbano calcolare: *somme, differenze, prodotti* e *quozienti* però non sempre lo è altrettanto nel *calcolo di potenze* come ci mostra il seguente esempio.

Esempio 1.3 *Supponiamo che si debba calcolare la potenza* $(3,7)^{2003}$.

Utilizzando la rappresentazione algebrica del numero $z = (3,7)$ *la potenza diviene*
$$(3+i\cdot 7)^{2003}.$$

Per calcolare quest'ultima, occorre far ricorso alla formula del binomio *di Newton, per cui abbiamo:*

$$(3+i\cdot 7)^{2003} = \sum_{k=0}^{2003} \binom{n}{k} 3^{n-k} \cdot (i\cdot 7)^k$$

e come si vede i calcoli, anche se non difficili, sono lunghi e tediosi.

L'esempio esaminato ci fa allora porre il problema di costruire una rappresentazione analitica dei numeri complessi che risulti utile nel calcolo delle potenze.

1.9 Rappresentazione trigonometrica dei numeri complessi

L'introduzione dei concetti di *modulo* ed *argomento* di un numero complesso $z = (a,b) \neq (0,0)$, ci dà la possibilità di esprimere a e b per mezzo di $|z|$ e di un qualunque elemento $\varphi \in \text{Arg } z$ come ci mostrano le (1.17).

Se sostituiamo le (1.17) nella *rappresentazione algebrica* di z otteniamo:

$$z = (a,b) = |z| \cdot (\cos\varphi + i \cdot \sin\varphi). \tag{1.24}$$

Il membro di destra della (1.24) è una nuova rappresentazione analitica del numero complesso $z = (a,b)$ e prende il nome di *rappresentazione trigonometrica* di esso [4].

Poiché le potenze con esponente $n \geq 2$ sono particolari *prodotti*, per vedere se la *rappresentazione trigonometrica* è utile nel calcolo delle potenze, cominciamo a saggiarne il "comportamento" nel calcolo di un *prodotto di due fattori*.

Dati due numeri

$$z_1 = |z_1| \cdot (\cos\varphi_1 + i \cdot \sin\varphi_1)$$

e

$$z_2 = |z_2| \cdot (\cos\varphi_2 + i \cdot \sin\varphi_2)$$

---

[4]L'unico numero complesso che non ammette la *rappresentazione trigonometrica* è $z = (0,0)$ perché di esso non si può definire l'*argomento*.

§ 1.9 Rappresentazione trigonometrica di $\mathbb{C}$

il loro prodotto $z_1 \cdot z_2$ è:

$$\begin{aligned}
z_1 \cdot z_2 &= |z_1| \cdot |z_2| \cdot (\cos\varphi_1 + i \cdot \sin\varphi_1) \cdot (\cos\varphi_2 + i \cdot \sin\varphi_2) = \\
&= |z_1| \cdot |z_2| \cdot [(\cos\varphi_1 \cdot \cos\varphi_2 - \sin\varphi_1 \cdot \sin\varphi_2) + \\
&\quad + i \cdot (\sin\varphi_1 \cdot \cos\varphi_2 + \cos\varphi_1 \cdot \sin\varphi_2)] = \\
&= \text{per le formule di addizione} = \\
&= |z_1| \cdot |z_2| \cdot [\cos(\varphi_1 + \varphi_2) + i \cdot \sin(\varphi_1 + \varphi_2)] \quad (1.25)
\end{aligned}$$

Se nella (1.25) poniamo $z_1 = z_2 = z$ otteniamo la *rappresentazione trigonometrica* di z^2 che è:

$$z^2 = |z|^2 \cdot [\cos(2\varphi) + i \cdot \sin(2\varphi)] \quad (1.26)$$

Dalla (1.26) risulta che:

– il *modulo* di z^2 è il quadrato del *modulo* di z: $|z^2| = |z|^2$

– dal fatto che φ sia una delle infinite misure dell'*angolo orientato* (s, t) associato a z segue che 2φ è una misura dell'*angolo orientato* (s, t') associato a z^2 e quindi $2\varphi + 2k\pi \cdots$, con $k \in \mathbb{Z}$ è il generico elemento di Arg z^2.

Se nella (1.26) sostituiamo 2 con n, otteniamo quest'altra "formula":

$$z^n = |z|^n \cdot [\cos(n\varphi) + i \cdot \sin(n\varphi)] \quad (1.27)$$

Sarà essa valida $\forall n \geq 2$?
Utilizzando il *principio di induzione*, avremo la risposta!
Utilizziamolo allora!
Per $n = 2$ la (1.27) ci restituisce la (1.26) che sappiamo essere valida.
Se facciamo vedere che: supposto che la (1.27) sia valida per $n-1$ lo è anche per n, la risposta alla domanda che ci siamo posti sarà affermativa.
Se scriviamo $z^n = z^{n-1} \cdot z$ ed applichiamo la (1.25) per il calcolo di tale prodotto, segue che la risposta è affermativa e quindi la (1.27) è valida $\forall n \geq 2$.

La "formula" (1.27) è nota come *formula di Moivre*; trattandosi di una "formula" molto semplice, possiamo concludere che la *rappresentazione trigonometrica* dei numeri complessi "risponde bene" alla finalità per la quale è stata costruita; nel futuro la utilizzeremo ogni volta che si presenti la necessità di calcolare *potenze* di numeri complessi.

Prima di continuare con il nostro discorso, affrontiamo il problema di come si trova la *rappresentazione trigonometrica* di un assegnato *numero complesso* $z = (a, b) \neq (0, 0)$.

1.10 Come si trova la rappresentazione trigonometrica di un numero complesso

Assegnato un *numero complesso* $z = (a, b) \neq (0, 0)$, per poter scrivere la *rappresentazione trigonometrica* di esso dobbiamo calcolare:

– il suo *modulo* $|z|$

– una *misura* dell'angolo orientato (s, t) ad esso associato.

Per quanto riguarda il calcolo del *modulo* $|z|$, non ci sono problemi; abbiamo la "formula"
$$|z| = \sqrt{a^2 + b^2}$$
che ce lo fornisce.

Per quanto riguarda invece il calcolo di una *misura* dell'angolo orientato (s, t) ad esso associato, scegliamo di calcolare la sua *misura principale*, cioè arg z.

Per fare ciò, rappresentiamo $z = (a, b)$ con un punto P del piano di Gauss; se P appartiene ad uno degli assi, la *tabella* del *paragrafo* 1.5 ci dice quale è il valore di arg z.

In questo caso abbiamo tutto ciò che serve per scrivere la *rappresentazione trigonometrica* di z e quindi il problema è risolto.

Se invece P non appartiene a nessuno dei due assi, la stessa *tabella* ci dice a quale *sottointervallo* di $(-\pi, \pi]$ appartiene l'arg z ma non ce ne fornisce il valore.

Avendo però già calcolato $|z|$, dell'arg z, per le (1.17), conosciamo il *seno* ed il *coseno* e quindi la *tangente* che vale $\frac{b}{a}$.

§ 1.10 Rappresentazione trigonometrica di un numero complesso   29

Questa osservazione ci autorizza a cercare l'arg z tra le infinite soluzioni dell'equazione:
$$\tan \varphi = \frac{b}{a} \tag{1.28}$$
che sono date dalla "formula":
$$\varphi = \arctan \frac{b}{a} + k\pi \quad , \text{ con } k \in \mathbb{Z} \quad ^5 \tag{1.29}$$

Per selezionare l'arg z tra le infinite soluzioni (1.29), basta scegliere k in modo tale che $\arctan \frac{b}{a} + k\pi$ appartenga all'intervallo previsto dalla tabella.

Per fissare bene il metodo, facciamo un esempio!

Esempio 1.4 *Trovare la rappresentazione trigonometrica del numero complesso $z = (-1, 1)$.*
Si ha $|z| = \sqrt{(-1)^2 + 1^2} = \sqrt{2}$.
Per il calcolo di $\arg z$, seguiamo il metodo consigliato!
Il numero $z = (-1, 1)$ è rappresentato da un punto del 2° quadrante del piano di Gauss, quindi:
$$\arg z \in \left(\frac{\pi}{2}, \pi\right).$$
La (1.28) in questo caso diviene:
$$\tan \varphi = -1$$
e le sue soluzioni sono:
$$\begin{aligned}\varphi &= \arctan(-1) + k\pi = \\ &= \text{essendo la funzione arcotangente una funzione dispari} = \\ &= -\arctan 1 + k\pi = -\frac{\pi}{4} + k\pi \quad , \text{con } k \in \mathbb{Z}\end{aligned}$$

---

[5]Le infinite soluzioni della (1.28), date dalla (1.29) al variare di k in $\mathbb{Z}$, sono ripartite in due insiemi:
- uno è costituito dalle soluzioni che sono misure dell'angolo orientato (s, t) associato al numero complesso $z = (a, b)$;
- l'altro è costituito invece dalle soluzioni che sono misure dell'angolo orientato (s, t') associato al numero complesso $-z = (-a, -b)$.

Il primo dei due insiemi è Arg z, l'altro Arg $(-z)$.

Il valore di k che ci fornisce arg z *deve essere tale da risultare*

$$-\frac{\pi}{4} + k\pi \in \left(\frac{\pi}{2}, \pi\right) \quad ;$$

si vede immediatamente che ciò avviene per $k = 1$; *pertanto*

$$\arg z = -\frac{\pi}{4} + \pi = \frac{3}{4}\pi.$$

La rappresentazione trigonometrica di $z = (-1, 1)$ *è quindi:*

$$\sqrt{2} \cdot \left(\cos\left(\frac{3}{4} \cdot \pi\right) + i \cdot \sin\left(\frac{3}{4} \cdot \pi\right)\right).$$

Occupiamoci finalmente del problema dell'*esistenza* e *calcolo delle radici n-esime di un numero complesso z.*

1.11 Esistenza e calcolo delle radici n-esime di un numero complesso

Nel *paragrafo* 1.3 abbiamo definito come *radice n-esima* di un numero complesso z, ogni numero complesso ω che sia *soluzione* dell'equazione:

$$\omega^n = z. \qquad (1.11)$$

Esistono quindi le *radici n-esime* di un numero complesso z se l'equazione (1.11) ha *soluzioni* nell'insieme $\mathbb{C}$ [6].

Sempre nel *paragrafo* 1.3 abbiamo constatato che se è $z = (0,0)$, la (1.11) ammette come *unica soluzione* il numero complesso $\omega = (0,0)$ qualunque sia il valore di n che in essa compare.

---

[6]Quando si deve risolvere un'equazione occorre all'inizio dire in quale insieme se ne cercano le *soluzioni*. Può infatti accadere che un'equazione non ha *soluzioni* in un dato insieme mentre le ha in un altro.

Se ad esempio consideriamo l'equazione algebrica di 1° grado $3x = 5$, essa non ha *soluzioni* nell'insieme $\mathbb{Z}$ invece nell'insieme $\mathbb{Q}$ ammette come *unica soluzione* il numero $x = \frac{5}{3}$.

§ 1.11 Radici n-esime di un numero complesso

Se è invece $z \neq (0,0)$, qualunque sia il numero n, $\omega = (0,0)$ non è *soluzione* perché $(0,0)^n = (0,0) \neq z$.

Ciò premesso, vogliamo vedere se la (1.11), qualunque sia il numero intero positivo n e qualunque sia $z \neq (0,0)$ ammette *soluzioni* nell'insieme $\mathbb{C}$.

Per risolvere tale problema ragioniamo così:

Poiché il numero z è noto, sono quindi noti il suo *modulo* $|z|$ ed il suo *argomento*: Arg z, il cui generico elemento φ può essere espresso mediante la "formula":

$$\varphi = \arg z + 2k\pi \quad , \text{con } k \in \mathbb{Z}. \tag{1.30}$$

Per il *teorema 1.1*, un numero complesso ω è *soluzione* della (1.11) se e solo se risulta:

$$|\omega^n| = |z| \tag{1.31}$$

e

$$\text{Arg}(\omega^n) = \text{Arg } z. \tag{1.32}$$

Se dalle (1.31) e (1.32) riusciremo a dedurre $|\omega|$ ed Arg ω, avremo risolto il problema.

Ricerchiamo ora ω nella sua forma trigonometrica:

$$\omega = |\omega| \cdot (\cos\vartheta + i \cdot \sin\vartheta)$$

ed ω^n servendoci della *formula di Moivre*:

$$\omega^n = |\omega|^n \cdot (\cos n\vartheta + i \cdot \sin n\vartheta).$$

Poiché $|\omega^n| = |\omega|^n$, dalla (1.31) segue:

$$|\omega|^n = |z|$$

e quindi

$$|\omega| = \sqrt[n]{|z|} \tag{1.33}$$

Poiché $n\vartheta$ è un elemento di Arg (ω^n), dalla (1.32) segue che:

$$n\vartheta \in \text{Arg } z$$

quindi, per la (1.30) si ha:
$$n\vartheta = \arg z + 2k\pi \qquad \text{con } k \in \mathbb{Z}$$
da cui
$$\vartheta = \frac{\arg z + 2k\pi}{n} \qquad \text{con } k \in \mathbb{Z} \qquad (1.34)$$
e pertanto ogni numero complesso ω_k la cui *rappresentazione trigonometrica* è:
$$\omega_k = \sqrt[n]{|z|} \cdot \left[\cos\frac{\arg z + 2k\pi}{n} + i \cdot \sin\frac{\arg z + 2k\pi}{n}\right], \text{ con } k \in \mathbb{Z} \quad (1.35)$$
è *soluzione* della (1.11) e quindi è *radice n-esima* di z.

A prima vista può sembrare che la (1.35) fornisca, al variare di k in $\mathbb{Z}$, *infinite radici n-esime* di z.

Le cose non stanno così. Vediamo perché!

Siano k' e k'' due *distinti valori* di k ed $\omega_{k'}$ e $\omega_{k''}$ le *radici n-esime* di z ad essi corrispondenti.

Poiché
$$\frac{\arg z + 2 \cdot k' \cdot \pi}{n} - \frac{\arg z + 2 \cdot k'' \cdot \pi}{n} = \frac{2 \cdot (k' - k'') \cdot \pi}{n} = \frac{k' - k''}{n} \cdot (2\pi),$$
se $k' - k''$ è un *multiplo* di n allora il membro di destra dell'uguaglianza scritta è un *multiplo* di 2π e quindi i due numeri
$$\frac{\arg z + 2 \cdot k' \cdot \pi}{n} \qquad \text{e} \qquad \frac{\arg z + 2 \cdot k'' \cdot \pi}{n}$$
differiscono per un *multiplo* di 2π. Da ciò segue che essi hanno lo *stesso coseno* e lo *stesso seno* e pertanto le *radici n-esime* $\omega_{k'}$ ed $\omega_{k''}$ corrispondenti a k' e k'' sono *uguali*.

Poiché nell'insieme $\{0, 1, 2, \ldots, n-1\}$ non vi sono coppie di numeri la cui *differenza* è un *multiplo* di n, se nella (1.35) poniamo successivamente
$$k = 0, 1, 2, \ldots, n-1 \qquad (1.36)$$
otteniamo le *rappresentazioni trigonometriche* di n numeri complessi:
$$\omega_0, \omega_1, \omega_2, \ldots, \omega_{n-1} \qquad (1.37)$$

§ 1.11 Radici n-esime di un numero complesso

tra loro distinti.

Se consideriamo un qualsiasi altro valore $\overline{k}$ di k, la *differenza* tra $\overline{k}$ ed uno (e uno solo) dei valori (1.36) è *multipla* di n e quindi $\omega_{\overline{k}}$ è uno dei numeri (1.37) che abbiamo già trovati.

Concludendo possiamo allora dire:

- ogni *numero complesso* $z \neq (0,0)$ ammette n e solo n *radici n-esime* le cui *rappresentazioni trigonometriche* sono date dalla (1.35) quando in essa si pongano successivamente $k = 0, 1, \ldots, n-1$.

Il simbolo $z^{\frac{1}{n}}$ con cui abbiamo denotato (nella definizione) ogni *radice n-esima* di z assume quindi n *valori distinti*.

Il valore ω_0, che corrisponde a $\vartheta = \frac{\arg z}{n}$, si denota con $\sqrt[n]{z}$ e prende il nome di *radice n-esima principale* di z.

In simboli:

$$\sqrt[n]{z} = \omega_0 = \sqrt[n]{|z|} \cdot \left(\cos \frac{\arg z}{n} + i \cdot \sin \frac{\arg z}{n} \right) \qquad (1.38)$$

Se il numero z è un *numero complesso reale*: $z = (a, 0)$ con $a > 0$, la sua *radice n-esima principale* e la *radice n-esima aritmetica* $\sqrt[n]{a}$ del numero reale a ad esso *corrispondente* secondo la (1.12), si *corrispondono* (sempre secondo la (1.12)).

In altre parole: Se

$$z = (a, 0) \leftrightarrow a \quad \text{con } a > 0$$

allora

$$\sqrt[n]{z} \leftrightarrow \sqrt[n]{a} \quad .$$

Diamo un esempio di calcolo di *radici n-esime* di un *numero complesso*.

Esempio 1.5 *Calcolare le* radici quinte *del numero complesso* $z = (1, 1)$.

Si ha $|z| = \sqrt{1^2 + 1^2} = \sqrt{2}$.

Per il calcolo di $\arg z$, *seguiamo il metodo consigliato nel* paragrafo *1.10.*

Il numero $z = (1,1)$ è rappresentato da un punto del 1° quadrante del piano di Gauss, quindi

$$\arg z \in \left(0, \frac{\pi}{2}\right) \quad .$$

La (1.28) in questo caso diviene:

$$\tan \varphi = 1$$

e le sue soluzioni sono:

$$\varphi = \arctan 1 = \frac{\pi}{4} + k\pi \quad , \text{ con } k \in \mathbb{Z} \quad .$$

Il valore di k che ci fornisce $\arg z$ deve essere tale da risultare:

$$\frac{\pi}{4} + k\pi \in \left(0, \frac{\pi}{2}\right) \quad ;$$

si vede immediatamente che ciò avviene per $k = 0$; pertanto

$$\arg z = \frac{\pi}{4} \quad .$$

Sostituendo nella (1.35) i valori trovati di $|z|$ ed $\arg z$ e ponendo in essa $n = 5$, si hanno le cinque radici quinte di z:

$$\omega_k = \sqrt[5]{\sqrt{2}} \cdot \left(\cos \frac{\frac{\pi}{4} + 2k\pi}{5} + i \cdot \sin \frac{\frac{\pi}{4} + 2k\pi}{5}\right) , k = 0, 1, 2, 3, 4 \quad .$$

Per terminare con le radici n-esime dei numeri complessi $z \neq (0,0)$, alla luce della 2^a regola di comportamento esposta nel paragrafo 1.4, tiriamo le conclusioni circa la relazione che esiste tra le radici n-esime di un numero reale $a \neq 0$ (se le ha) e le radici n-esime del numero complesso $z = (a, 0)$ ad esso corrispondente secondo la (1.12).

1.12 Relazione tra le radici n-esime di un numero reale $a \neq o$ e le radici n-esime di $z = (a, 0) \in \mathbb{C}'$

Abbiamo visto nel *paragrafo* 1.3 che un *numero reale* $a \neq 0$ può avere: *una, due, o nessuna radice n-esima* nell'insieme $\mathbb{R}$ mentre il *numero complesso reale* $z = (a, 0)$ ad esso corrispondente secondo la (1.12) ha n *radici n-esime* nell'insieme $\mathbb{C}$.

La relazione che esiste tra le *radici n-esime* di a e quelle di z, ad esso corrispondente, è questa:

- Se è n *dispari* ed $a > 0$, le n *radici n-esime* di $z = (a, 0)$ sono date dalla "formula":

$$\omega_k = \sqrt[n]{a} \cdot \left(\cos \frac{2k\pi}{n} + i \cdot \sin \frac{2k\pi}{n} \right), \text{ con } k = 0, 1, 2, \ldots, n-1. \tag{1.39}$$

Solo una di esse appartiene a $\mathbb{C}'$: la radice ω_k con $k = 0$ e corrisponde secondo la (1.12) all'*unica radice n-esima di a*.

- Se è n *dispari* ed $a < 0$, le n *radici n-esime* di $z = (a, 0)$ sono date da quest'altra "formula":

$$\omega_k = \sqrt[n]{|a|} \cdot \left(\cos \frac{\pi + 2k\pi}{n} + i \cdot \sin \frac{\pi + 2k\pi}{n} \right), \text{ con } k = 0, 1, 2, \ldots, n-1. \tag{1.40}$$

Solo una di esse appartiene a $\mathbb{C}'$: la radice ω_k con $k = \frac{n-1}{2}$ e corrisponde secondo la (1.12) all'*unica radice n-esima di a*.

- Se è n *pari* ed $a > 0$, le n *radici n-esime* di $z = (a, 0)$ sono date dalla "formula" (1.39).

Solo due di esse appartengono a $\mathbb{C}'$: le radici con $k = 0$ e $k = \frac{n}{2}$ e corrispondono secondo la (1.12) alle *due radici n-esime di a*: $\sqrt[n]{a}$ e $-\sqrt[n]{a}$.

- Se è n *pari* ed $a < 0$, le n *radici n-esime* di $z = (a, 0)$ sono date dalla "formula" (1.40).

  Nessuna di esse appartiene a $\mathbb{C}'$ e quindi non esistono in $\mathbb{R}$ *radici n-esime* di a.

In modo sintetico, anche se non molto preciso, tutta l'analisi fatta si suol riassumere dicendo:

- Ogni numero reale $a \neq 0$ ha n *radici n-esime* delle quali *una, due* o *nessuna* sono *reali*; tutte le altre sono *complesse*.

Nel seguito, per brevità di linguaggio, a volte ci serviremo anche noi di tale locuzione.

Per terminare con i numeri complessi occorrerebbe esaminare la possibilità di definire:

- la potenza con esponente razionale,

- la potenza con esponente irrazionale,

- la potenza con esponente complesso,

- il logaritmo di un numero complesso.

Diciamo a titolo di notizia che tali definizioni sono possibili però noi non ci occuperemo di esse perché non avremo occasione di farne uso nei libri della collana "Analisi matematica a portata di clic".

Ciò che invece vogliamo fare è mostrare che una qualunque *equazione algebrica di 2° grado* ha le sue *soluzioni* in $\mathbb{C}$, quindi l'insieme $\mathbb{C}$ assolve al compito per il quale è stato costruito.

1.13 Soluzioni delle equazioni di 2° grado

Riprendiamo in esame l'*equazione algebrica* di 2° grado

$$ax^2 + bx + c = 0 \qquad \text{con } a, b, c \in \mathbb{R} \quad \text{ed} \quad a \neq 0 \tag{1.1}$$

§ 1.13 Soluzioni delle equazioni di 2° grado

e mostriamo che:
$$\forall a, b, c \in \mathbb{R} \quad \text{con } a \neq 0$$

essa ha due *soluzioni* nell'insieme $\mathbb{C}$, distinte o coincidenti, indipendentemente dal *segno* del suo *discriminante* $\Delta = b^2 - 4ac$.

Affrontiamo tale questione seguendo la 2^a *regola di comportamento* esposta nel *paragrafo* 1.5.

Sostituiamo i dati del problema che questa volta sono i *coefficienti reali* a, b, c della (1.1) con i *numeri complessi reali* $\alpha = (a,0)$, $\beta = (b,0)$, $\gamma = (c,0)$ ad essi corrispondenti secondo la (1.12) e la *variabile reale* x con la *variabile complessa* z.

Con tale sostituzione, la (1.1) diviene:

$$\alpha z^2 + \beta z + \gamma = 0 \quad . \tag{1.41a}$$

L'equazione (1.41a) è *equivalente* all'equazione

$$\alpha z^2 + \beta z = -\gamma$$

che a sua volta è *equivalente* all'equazione che si ottiene da essa moltiplicandone ambo i membri per il numero 4α:

$$4\alpha^2 z^2 + 4\alpha\beta z = -4\alpha\gamma \quad . \tag{1.41b}$$

Sommiamo ora ad ambo i membri della (1.41b) il numero β^2 ottenendo così l'equazione:

$$4\alpha^2 z^2 + 4\alpha\beta z + \beta^2 = \beta^2 - 4\alpha\gamma \quad . \tag{1.41c}$$

L'equazione (1.41c) è *equivalente* alle equazioni precedentemente scritte; poiché il primo membro di essa è il quadrato di $(2\alpha z + \beta)$, la (1.41b) può essere scritta così:

$$(2\alpha z + \beta)^2 = \beta^2 - 4\alpha\gamma \quad . \tag{1.41d}$$

Dalla (1.41d) segue che:

$$z = \frac{-\beta + (\beta^2 - 4\alpha\gamma)^{\frac{1}{2}}}{2\alpha} \quad . \tag{1.42}$$

Poiché $(\beta^2 - 4\alpha\gamma)^{\frac{1}{2}}$ denota la generica *radice quadrata* del *numero complesso* $\beta^2 - 4\alpha\gamma$ e di radici quadrate nell'insieme $\mathbb{C}$ il numero complesso $\beta^2 - 4\alpha\gamma$ ne ha due, concludiamo che la (1.42) ci fornisce le due *soluzioni* in $\mathbb{C}$ dell'*equazione* (1.41a).

Se queste ultime appartengono a $\mathbb{C}'$, l'equazione (1.1) ha due *soluzioni* in $\mathbb{R}$ in virtù della (1.12).

Facciamo un po' di calcoli per mostrare che il risultato conseguito completa quanto sapevamo già dalle Scuole Superiori.

Il numero complesso $\beta^2 - 4\alpha\gamma$ è un *numero complesso reale*; infatti

$$\beta^2 - 4\alpha\gamma = (b,0)^2 - 4\cdot(a,0)\cdot(c,0) = (b^2 - 4ac, 0) \in \mathbb{C}' \quad .$$

Se è

$$b^2 - 4ac > 0$$

allora

$$|\beta^2 - 4\alpha\gamma| = b^2 - 4ac \quad \text{ed} \quad \arg(\beta^2 - 4\alpha\gamma) = 0 \quad ,$$

quindi le *radici quadrate* di $\beta^2 - 4\alpha\gamma$ sono:

$$\begin{aligned}\omega_0 &= \sqrt{b^2 - 4ac}\cdot\left(\cos\frac{0}{2} + i\cdot\sin\frac{0}{2}\right) = \sqrt{b^2-4ac}\cdot(1 + i\cdot 0) = \\ &= (\sqrt{b^2-4ac},\, 0)\end{aligned}$$

ed

$$\begin{aligned}\omega_1 &= \sqrt{b^2 - 4ac}\cdot\left(\cos\frac{2\pi}{2} + i\cdot\sin\frac{2\pi}{2}\right) = \sqrt{b^2-4ac}\cdot(-1 + i\cdot 0) = \\ &= (-\sqrt{b^2-4ac},\, 0)\end{aligned}$$

Sostituendo ω_0 e ω_1 nella (1.42), e ricordando che $\alpha = (a,0)$ e $\beta = (b,0)$ otteniamo i due numeri complessi:

$$z_1 = \frac{-(b,0) + (\sqrt{b^2-4ac},\, 0)}{2\cdot(a,0)} = \frac{(-b + \sqrt{b^2-4ac},\, 0)}{(2a,0)}$$

§ 1.13 Soluzioni delle equazioni di 2° grado

e
$$z_2 = \frac{-(b,0) - (\sqrt{b^2-4ac},\, 0)}{2\cdot(a,0)} = \frac{(-b-\sqrt{b^2-4ac},\, 0)}{(2a,0)}$$

che sono appunto le *soluzioni* dell'equazione (1.41a).

Poiché entrambe le *soluzioni* appartengono a $\mathbb{C}'$, i due numeri reali ad esse corrispondenti secondo la (1.12):

$$x_1 = \frac{-b+\sqrt{b^2-4ac}}{2a} \quad \text{e} \quad x_2 = \frac{-b-\sqrt{b^2-4ac}}{2a}$$

sono le *soluzioni* dell'equazione (1.1).

Se è invece
$$b^2 - 4ac < 0$$

allora
$$|\beta^2 - 4\alpha\gamma| = |b^2 - 4ac| \quad \text{ed} \quad \arg(\beta^2 - 4\alpha\gamma) = \pi \quad ,$$

quindi le *radici quadrate* di $\beta^2 - 4\alpha\gamma$ sono:

$$\begin{aligned}\omega_0 &= \sqrt{|b^2-4ac|}\cdot\left(\cos\frac{\pi}{2} + i\cdot\sin\frac{\pi}{2}\right) = \sqrt{|b^2-4ac|}\cdot(0+i) = \\ &= (0, \sqrt{|b^2-4ac|})\end{aligned}$$

ed

$$\begin{aligned}\omega_1 &= \sqrt{|b^2-4ac|}\cdot\left(\cos\frac{3\pi}{2} + i\cdot\sin\frac{3\pi}{2}\right) = \sqrt{|b^2-4ac|}(0-i) = \\ &= (0, -\sqrt{|b^2-4ac|})\end{aligned}$$

Sostituendo ω_0 e ω_1 nella (1.42), e ricordando sempre che $\alpha = (a,0)$ e $\beta = (b,0)$ otteniamo i *due numeri complessi coniugati*:

$$\begin{aligned}z_1 &= \frac{-(b,0) + (0, \sqrt{|b^2-4ac|})}{2\cdot(a,0)} = \frac{(-b, \sqrt{|b^2-4ac|})}{(2a,0)} = \\ &= \left(-\frac{b}{2a},\, \frac{\sqrt{|b^2-4ac|}}{2a}\right)\end{aligned}$$

e

$$z_2 = \frac{-(b,0) + (0, -\sqrt{|b^2 - 4ac|})}{2 \cdot (a, 0)} = \frac{(-b, -\sqrt{|b^2 - 4ac|})}{(2a, 0)} =$$

$$= \left(-\frac{b}{2a}, -\frac{\sqrt{|b^2 - 4ac|}}{2a}\right)$$

che sono appunto le *soluzioni* dell'equazione (1.41a).

Poiché esse non appartengono a $\mathbb{C}'$, l'equazione (1.1) non ha *soluzioni* in $\mathbb{R}$ ma in $\mathbb{C}$.

Se infine è

$$b^2 - 4ac = 0$$

l'equazione (1.41d) diviene:

$$(2\alpha z + \beta)^2 = (0, 0) \qquad . \qquad (1.43)$$

Scrivendo il primo membro di essa come *prodotto*, otteniamo:

$$(2\alpha z + \beta) \cdot (2\alpha z + \beta) = (0, 0) \qquad .$$

Poiché un *prodotto* è nullo se è nullo almeno uno dei suoi fattori, essendo i due fattori uguali, concludiamo che l'equazione (1.41a) ha *due soluzioni coincidenti*:

$$z_1 = -\frac{\beta}{2\alpha} \quad e \quad z_2 = -\frac{\beta}{2\alpha} \qquad .$$

Essendo $-\frac{\beta}{2\alpha}$ un numero di $\mathbb{C}'$, segue che la (1.1) ha *due soluzioni coincidenti*, il cui valore è il *numero reale* $-\frac{b}{2a}$ corrispondente al numero complesso $-\frac{\beta}{2\alpha}$ secondo la (1.12).

Concludendo possiamo dire:
Ogni equazione algebrica di secondo grado a coefficienti reali ha *due soluzioni*:

§ 1.13 Soluzioni delle equazioni di 2° grado

reali e distinte   se è $\Delta = b^2 - 4ac > 0$

reali e coincidenti   se è $\Delta = b^2 - 4ac = 0$

complesse coniugate   se è $\Delta = b^2 - 4ac < 0$

Come abbiamo visto l'insieme $\mathbb{C}$ dei numeri complessi ha risolto il problema che ci eravamo posti inizialmente.

Sappiamo che l'*insieme dei numeri reali* $\mathbb{R}$ è un *insieme ordinato*; per completare il nostro discorso sull'*insieme dei numeri complessi* $\mathbb{C}$, manca ora di affrontare il problema di vedere se è possibile oppure no, introdurre un *ordinamento* in esso.

Metteremo mano a tale questione nel libro "Relazioni d'equivalenza, d'ordine e strutture algebriche" della collana "Algebra lineare e geometria analitica a portata di clic" perché ancora non abbiamo gli strumenti matematici per trattarlo in modo esauriente.

Nel frattempo risolviamo alcuni esercizi proposti sui *numeri complessi* per "fissare bene" i concetti trattati; poi ci occuperemo dei *polinomi*.

Esercizi sugli argomenti trattati nel Capitolo 1

Sulle operazioni tra numeri complessi espressi in forma algebrica e sulle rappresentazioni di essi nel piano di Gauss

Esercizio 1.1 *Calcolare le seguenti espressioni:*

a) $\dfrac{i^4 + i^9 + i^{16}}{2 - i^5 + i^{10} - i^{15}}$

b) $3\left(\dfrac{1+i}{1-i}\right)^2 - 2\left(\dfrac{1-i}{1+i}\right)^3$

c) $\left[\dfrac{(2+i)^2 + (2-i)^2}{1+i}\right]^4$

d) $\dfrac{(1+i)^2}{1+1^5}$

e) $(2i-1)^2 \cdot \left(\dfrac{4}{1-i} - \dfrac{2-i}{1+i}\right)$

f) $\dfrac{(2+i) \cdot (3-2i) \cdot (1+2i)}{(1-i)^2}$

Esercizio 1.2 *Dire se esistono dei valori di* $\lambda \in \mathbb{R} - \{\frac{1}{4}\}$ *tali che il* numero complesso
$$z = \frac{4 + \lambda + i\lambda}{4\lambda - 1}$$
sia un numero complesso reale.

Esercizio 1.3 *Dire se esistono dei valori di* $\lambda \in \mathbb{R}$ *tali che il* numero complesso
$$z = \frac{2 + i}{\lambda + i}$$
sia un numero complesso immaginario.

Esercizio 1.4 *Sia* $z = (x, y)$ *il generico* numero complesso.
Trovare la relazione *che deve esistere tra* x *e* y *affinché il* numero complesso
$$\frac{z + i}{z - i}$$
sia un numero complesso immaginario.

Esercizio 1.5 *Dati i* numeri complessi coniugati:
$$z = (a, b) \quad e \quad \bar{z} = (a, -b) \quad , \forall a, b \in \mathbb{R} \quad ,$$
dimostrare che:

a) $z + \bar{z}$ e $z \cdot \bar{z}$ sono numeri complessi reali

b) $z - \bar{z}$ è un numero complesso immaginario

c) $z \cdot \bar{z} = |z|^2$

Esercizio 1.6 *Trovare nell'insieme* $\mathbb{C}$ *le soluzioni delle equazioni:*

a) $z^2 = \bar{z}$

b) $z^2 + 2\bar{z} - 1 = 0$

c) $z - z^2 = |z|^2 + 1$

d) $z - \dfrac{1}{1+\overline{z}} = 1$

e) $\dfrac{\overline{z}}{z} = iz - 1$

Esercizio 1.7 *Trovare nell'insieme* $\mathbb{C}$ *le soluzioni dell'equazione:*
$$|z - i| = |z + 2|$$
e dire se tra esse vi è qualche numero complesso immaginario.

Esercizio 1.8 *Trovare nell'insieme* $\mathbb{C}$ *le soluzioni dell'equazione:*
$$|z - i| \cdot |z| = |z - i|^2$$
e rappresentare l'insieme di esse sul piano di Gauss.

Esercizio 1.9 *Dati due numeri complessi z_1 e z_2 con $z_1 \neq z_2$ ed un numero reale $r > 0$, dimostrare che il luogo dei punti del piano di Gauss che ha per equazione:*
$$\left|\dfrac{z - z_1}{z - z_2}\right| = r$$
è una retta per $r = 1$, una circonferenza per $r \neq 1$.

Esercizio 1.10 *Tenendo presente la soluzione dell'esercizio 1.9, dimostrare che l'equazione:*
$$\left|\dfrac{z - z_1}{z - z_2}\right| = 3$$
rappresenta una circonferenza del piano di Gauss di centro $C\left(-\frac{5}{4}, 0\right)$ e raggio $R = \frac{3}{4}$.

Esercizio 1.11 *Data l'equazione*
$$az \cdot \overline{z} + b\overline{z} + \overline{b}z + c = 0$$
con $a \in \mathbb{C}' - \{(0,0)\}$, $b \in \mathbb{C}$ e $c \in \mathbb{C}'$,
dire sotto quali condizioni l'insieme delle sue soluzioni è rappresentato da una circonferenza del piano di Gauss.

A titolo di esempio risolviamo gli *esercizi 1.1a, 1.1b, 1.1c, 1.1e, 1.3, 1.4, 1.6a, 1.6b, 1.6e, 1.7, 1.8* ed *1.11*.

Esercizio 1.1a

$$\frac{i^4 + i^9 + i^{16}}{2 - i^5 + i^{10} - i^{15}} = \frac{(i^2)^2 + (i^2)^4 \cdot i + (i^2)^8}{2 - (i^2)^2 \cdot i + (i^2)^5 - (i^2)^7 \cdot i} =$$
$$= \frac{(-1)^2 + (-1)^4 \cdot i + (-1)^8}{2 - (-1)^2 \cdot i + (-1)^5 - (-1)^7 \cdot i} = \frac{1 + i + 1}{2 - i - 1 + i} =$$
$$= \frac{2+i}{1} = 2+i$$

Esercizio 1.1b

$$3\left(\frac{1+i}{1-i}\right)^2 - 2\left(\frac{1-i}{1+i}\right)^3 = 3\left(\frac{(1+i)^2}{(1-i)(1+i)}\right)^2 - 2\left(\frac{(1-i)^2}{(1+i)(1-i)}\right)^3 =$$
$$= 3\left(\frac{1+2i+i^2}{1-i^2}\right)^2 - 2\left(\frac{1-2i+i^2}{1-i^2}\right)^3 =$$
$$= 3\left(\frac{1+2i+(-1)}{1-(-1)}\right)^2 - 2\left(\frac{1-2i+(-1)}{1-(-1)}\right)^3 =$$
$$= 3\left(\frac{2i}{2}\right)^2 - 2\left(\frac{-2i}{2}\right)^3 = 3 \cdot i^2 - 2(-i)^3 =$$
$$= 3 \cdot (-1) - 2 \cdot (-1)^3 \cdot i^3 = -3 + 2 \cdot i^2 \cdot i =$$
$$= -3 + 2 \cdot (-1)i = -3 - 2i$$

Esercizio 1.1c

$$\left[\frac{(2+i)^2 + (2-i)^2}{1+i}\right]^4 = \left[\frac{4 + 4i + i^2 + 4 - 4i + i^2}{1+i}\right]^4 =$$
$$= \left[\frac{4 + (-1) + 4 + (-1)}{1+i}\right]^4 = \left[\frac{6}{1+i}\right]^4 =$$
$$= \left[\frac{6(1-i)}{(1+i)(1-i)}\right]^4 = \left[\frac{6(1-i)}{1-i^2}\right]^4 =$$

$$
\begin{aligned}
&= \left[\frac{6(1-i)}{1-(-1)}\right]^4 = \left[\frac{6(1-i)}{2}\right]^4 = [3\cdot(1-i)]^4 = \\
&= 3^4\left[(1-i)^2\right]^2 = 81\cdot\left[1-2i+i^2\right]^2 = \\
&= 81\cdot[1-2i+(-1)]^2 = 81\cdot[-2i]^2 = \\
&= 81\cdot(-2)^2\cdot i^2 = 81\cdot 4\cdot(-1) = -324
\end{aligned}
$$

Esercizio 1.1e

$$
\begin{aligned}
(2i-1)^2 \cdot \left(\frac{4}{1-i} - \frac{2-i}{1+i}\right) &= ((2i)^2 - 4i + 1) \cdot \\
&\quad \cdot \frac{4(1+i) - (2-i)(1-i)}{(1-i)(1+i)} = \\
&= \left(2^2\cdot i^2 - 4i + 1\right) \cdot \\
&\quad \cdot \frac{4 + 4i - (2 - 2i - i + i^2)}{1 - i^2} = \\
&= (4\cdot(-1) - 4i + 1) \cdot \\
&\quad \cdot \frac{4 + 4i - (2 - 3i + (-1))}{1 - (-1)} = \\
&= (-3 - 4i) \cdot \frac{4 + 4i - (1 - 3i)}{2} = \\
&= (-3 - 4i) \cdot \frac{4 + 4i - 1 + 3i}{2} = \\
&= (-3 - 4i) \cdot \frac{3 + 7i}{2} = \\
&= \frac{(-3 - 4i) \cdot (3 + 7i)}{2} = \\
&= \frac{-9 - 21i - 12i - 28i^2}{2} = \\
&= \frac{-9 - 33i - 28\cdot(-1)}{2} = \\
&= \frac{19 - 33i}{2} = \frac{19}{2} - \frac{33}{2}i
\end{aligned}
$$

Esercizio 1.3

$$\begin{aligned}
z &= \frac{2+i}{\lambda+i} = \frac{(2+i)(\lambda-i)}{(\lambda+i)(\lambda-i)} = \frac{2\lambda - 2i + \lambda i - i^2}{\lambda^2 - i^2} = \\
&= \frac{2\lambda + (\lambda-2)i - (-1)}{\lambda^2 - (-1)} = \frac{(2\lambda+1) + (\lambda-2)i}{\lambda^2+1} = \\
&= \frac{2\lambda+1}{\lambda^2+1} + \frac{\lambda-2}{\lambda^2+1}i
\end{aligned}$$

Conclusione:

$z = \dfrac{2+i}{\lambda+i}$ è un *numero complesso immaginario* se è:

$\dfrac{2\lambda+1}{\lambda^2+1} = 0 \quad$ cioè $\quad 2\lambda+1 = 0 \quad$ da cui segue $\quad \lambda = -\tfrac{1}{2}$.

Esercizio 1.4

$$\begin{aligned}
\frac{z+i}{z-i} &= \frac{x+iy+i}{x+iy-i} = \frac{x+(y+1)i}{x+(y-1)i} = \\
&= \frac{[x+(y+1)i] \cdot [x-(y-1)i]}{[x+(y-1)i] \cdot [x-(y-1)i]} = \\
&= \frac{x^2 - x(y-1)i + (y+1)xi - (y+1)(y-1)i^2}{x^2 - (y-1)^2 \cdot i^2} = \\
&= \frac{x^2 + [-x(y-1) + (y+1)x]i - (y^2-1)(-1)}{x^2 - (y-1)^2 \cdot (-1)} = \\
&= \frac{x^2 + x[-y+1+y+1]i + (y^2-1)}{x^2 + (y-1)^2} = \\
&= \frac{x^2 + 2xi + y^2 - 1}{x^2 + (y-1)^2} = \frac{(x^2+y^2-1) + 2xi}{x^2+(y-1)^2} = \\
&= \frac{x^2+y^2-1}{x^2+(y-1)^2} + \frac{2x}{x^2+(y-1)^2}i
\end{aligned}$$

Conclusione:

$\dfrac{z+i}{z-i}$ è un *numero complesso immaginario* se è

$\dfrac{x^2+y^2-1}{x^2+(y-1)^2} = 0 \quad$ cioè $\quad x^2+y^2-1 = 0$.

Esercizio 1.6a

Se rappresentiamo la *variabile complessa* $z = (x, y)$ in *forma algebrica*: $z = (x, y) = x + yi$, l'*equazione* data

$$z^2 = \bar{z}$$

diviene

$$(x + yi)^2 = x - yi$$

Facendo i calcoli si ha:

$$x^2 + 2xyi - y^2 - x + yi = 0$$

cioè

$$(x^2 - y^2 - x) + (2xy + y)i = 0$$

L'*equazione* trovata dice che sono *soluzioni* di essa tutte le *coppie ordinate* (x, y), soluzioni del sistema:

$$\begin{cases} x^2 - y^2 - x = 0 \\ 2xy + y = 0 \end{cases}$$

Risolvendo quest'ultimo, si trova che le *soluzioni* dell'equazione data sono i *numeri complessi*:

$$z_1 = (0, 0) \quad , \quad z_2 = (1, 0) \quad , \quad z_3 = \left(-\frac{1}{2}, \frac{\sqrt{3}}{2}\right) \quad \text{e} \quad z_4 = \left(-\frac{1}{2}, -\frac{\sqrt{3}}{2}\right).$$

Esercizio 1.6b

Se rappresentiamo la *variabile complessa* $z = (x, y)$ in *forma algebrica*: $z = (x, y) = x + iy$, l'*equazione* data

$$z^2 + 2\bar{z} - 1 = 0$$

diviene:

$$(x + iy)^2 + 2(x - iy) - 1 = 0$$

Facendo i calcoli si ha:
$$x^2 + 2xyi - y^2 + 2x - 2yi - 1 = 0$$
cioè
$$(x^2 - y^2 + 2x - 1) + (2xy - 2y)i = 0$$

L'*equazione* trovata dice che sono *soluzioni* di essa tutte le coppie ordinate (x, y), *soluzioni del sistema*:
$$\begin{cases} x^2 - y^2 + 2x - 1 = 0 \\ 2xy - 2y = 0 \end{cases}$$

Risolvendo quest'ultimo si trova che le *soluzioni* dell'*equazione* data sono i numeri complessi:

$z_1 = (-1+\sqrt{2}, 0)$, $z_2 = (-1-\sqrt{2}, 0)$, $z_3 = (1, \sqrt{2})$ e $z_4 = (1, -\sqrt{2})$.

Esercizio 1.6e
Poiché il primo membro dell'*equazione*
$$\frac{\overline{z}}{z} = iz - 1$$

ha senso se è $z \neq (0, 0)$, di essa cercheremo le *soluzioni* in $\mathbb{C} - \{(0, 0)\}$.

Se rappresentiamo al solito la *variabile complessa* $z = (x, y)$ in *forma algebrica*: $z = (x, y) = x + yi$, l'*equazione* data diviene:
$$\frac{x - yi}{x + yi} - i \cdot (x + iy) - 1.$$

Moltiplicandone ambo i membri per $x + yi$ otteniamo l'equazione:
$$x - yi = i(x + yi)^2 - (x + yi).$$

Facendo i calcoli si ha:
$$x - yi = i(x^2 - y^2 + 2xyi) - x - yi$$

cioè
$$(2x + 2xy) + (y^2 - x^2)i = 0 \qquad (1.44)$$

L'*equazione* trovata dice che sono *soluzioni* di essa tutte le coppie (x, y) *soluzioni del sistema*:

$$\begin{cases} 2x + 2xy = 0 \\ y^2 - x^2 = 0 \end{cases}$$

Risolvendo quest'ultimo si trova che le *soluzioni* dell'*equazione* (1.44) sono i *numeri complessi*:

$$z_1 = (0,0) \quad , \quad z_2 = (1,-1) \quad \text{e} \quad z_3 = (-1,-1).$$

Di esse sono *soluzioni* dell'equazione data solo z_2 e z_3.

Esercizio 1.7

Se rappresentiamo la *variabile complessa* $z = (x, y)$ in *forma algebrica*: $z = (x, y) = x + yi$, l'*equazione*

$$|z - i| = |z + 2|$$

diviene

$$|x + (y-1)i| = |(x+2) + yi|$$

Tenendo presente la *definizione di modulo* di un *numero complesso*, data nel *paragrafo* 1.6, si ha:

$$\sqrt{x^2 + (y-1)^2} = \sqrt{(x+2)^2 + y^2}$$

Tale *equazione* è *equivalente* a quest'altra:

$$x^2 + (y-1)^2 = (x+2)^2 + y^2 \qquad (1.45)$$

ottenuta da essa, elevandone al quadrato ambo i membri.

Semplificando la (1.45) otteniamo l'*equazione*

$$4x + 2y + 3 = 0$$

Ogni *soluzione* di quest'ultima è *soluzione* dell'*equazione* data.

La *generica soluzione* è il *numero complesso*

$$z = \left(x, -2x - \frac{3}{2}\right) \quad , \quad \forall x \in \mathbb{R} \quad .$$

Delle *infinite soluzioni* solo *una* è un *numero complesso immaginario*; si tratta del numero

$$z^* = \left(0, -\frac{3}{2}\right).$$

Esercizio 1.8
Se scriviamo l'equazione data

$$|z - i| \cdot |z| = |z - i|^2$$

così:

$$|z - i| \cdot (|z| - |z - i|) = 0$$

ci accorgiamo immediatamente che *l'insieme delle soluzioni* di essa è costituito dalle *soluzioni* delle *equazioni*

$$|z - i| = 0$$

e

$$|z| - |z - i| = 0$$

Se rappresentiamo la *variabile complessa* $z = (x, y)$ in *forma algebrica*: $z = (x, y) = x + iy$, le due equazioni diventano:

$$|x + (y - 1)i| = 0$$

e

$$|x + iy| - |x + (y - 1)i| = 0$$

Tenendo presente la *definizione di modulo* di un *numero complesso*, data nel *paragrafo* 1.6, possiamo scrivere

$$\sqrt{x^2 + (y - 1)^2} = 0$$

e
$$\sqrt{x^2+y^2} = \sqrt{x^2+(y-1)^2}$$

Facendo il quadrato di ambo i membri delle *equazioni* scritte, otteniamo le *equazioni equivalenti*

$$x^2 + (y-1)^2 = 0$$

e

$$x^2 + y^2 = x^2 + (y-1)^2.$$

La prima di esse ha come *unica soluzione* il *numero complesso* $z = (0,1)$; la seconda, semplificando, diviene:

$$-2y + 1 = 0$$

e quindi le sue *soluzioni* sono i *numeri complessi* $z = \left(x, \dfrac{1}{2}\right)$, $\forall x \in \mathbb{R}$.

La rappresentazione dell'insieme delle *soluzioni* sul *piano di Gauss* è pertanto quella di figura:

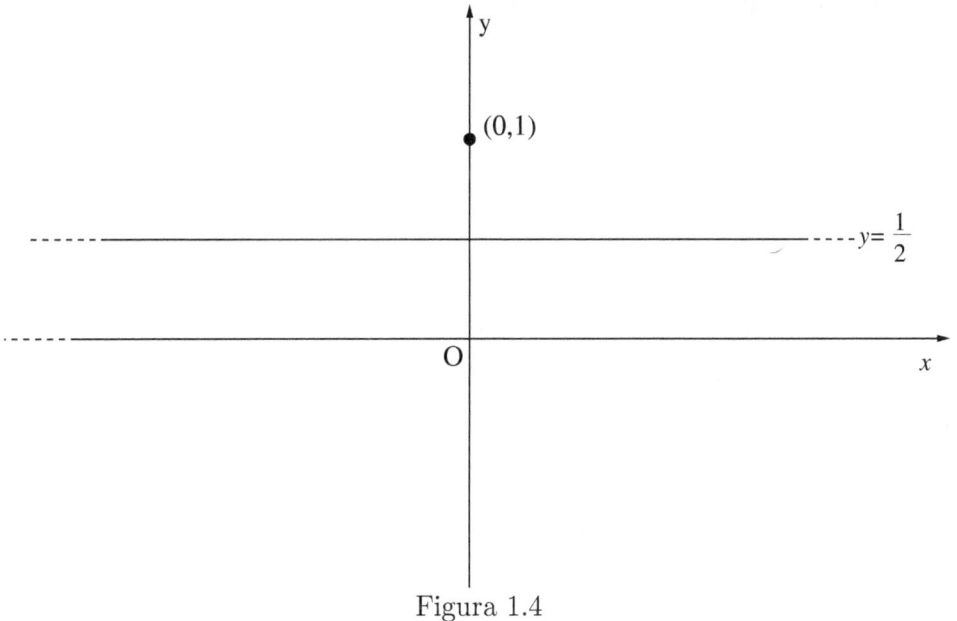

Figura 1.4

Esercizio 1.11
Ponendo nell'*equazione*:
$$a \cdot z \cdot \overline{z} + b \cdot \overline{z} + \overline{b} \cdot z + c = 0$$
$z = x + iy$, $\overline{z} = x - iy$, $b = b_1 + ib_2$, $\overline{b} = b_1 - ib_2$
quest'ultima diviene:
$$a\left(x^2 + y^2\right) + (b_1 + ib_2)(x - iy) + (b_1 - ib_2)(x + iy) + c = 0.$$
Semplificando otteniamo l'*equazione equivalente*:
$$a\left(x^2 + y^2\right) + 2b_1 x + 2b_2 y + c = 0.$$
Poiché è $a \neq 0$, dividendo ambo i membri per a, si ottiene l'*equazione*:
$$x^2 + y^2 + 2\frac{b_1}{a}x + 2\frac{b_2}{a}y + \frac{c}{a} = 0 \ .$$
Ricordando poi che una *circonferenza* di *centro* $C(\alpha, \beta)$ e *raggio* $r > 0$ ha *equazione*:
$$x^2 + y^2 + 2\alpha x + 2\beta + \gamma = 0 \quad \text{con } \gamma = \alpha^2 + \beta^2 - r^2.$$

Se la nostra equazione rappresenta una *circonferenza*, le *coordinate* (α, β) del suo *centro* ed il suo *raggio* r debbono costituire l'*unica soluzione* del *sistema*:
$$\begin{cases} -2\alpha = 2\frac{b_1}{a} \\ -2\beta = 2\frac{b_2}{a} \\ \alpha^2 + \beta^2 - r^2 = \frac{c}{a} \end{cases}$$
Dalla 1ª e 2ª *equazione* segue:
$$\alpha = -\frac{b_1}{a} \ , \quad \beta = -\frac{b_2}{a} \ .$$
Sostituendo tali valori nella 3ª *equazione*, abbiamo:
$$r^2 = \left(-\frac{b_1}{a}\right)^2 + \left(-\frac{b_2}{a}\right)^2 - \frac{c}{a} = \frac{b_1^2 + b_2^2 - ac}{a}.$$
Dovendo essere $r^2 > 0$, possiamo concludere:
- La *condizione* affinché l'*equazione data* rappresenti una *circonferenza* del *piano di Gauss* è che risulti:
$$b_1^2 + b_2^2 - ac > 0 \quad \text{cioè } |b|^2 > a \cdot c \ .$$

Sulla rappresentazione trigonometrica dei numeri complessi ed i suoi impieghi

Esercizio 1.12 *Dati i numeri complessi:*

$z_1 = (a, b)$, $z_2 = (-a, b)$, $z_3 = (-a, -b)$, $z_4 = (a, -b)$ *con* $a > 0$ *e* $b > 0$,

scrivere le relazioni tra:

$|z_1|, |z_2|, |z_3|, |z_4|$ *ed* $\arg z_1, \arg z_2, \arg z_3, \arg z_4$.

Esercizio 1.13 *Sapendo che la rappresentazione trigonometrica del numero complesso* $z = (a,b) \in \mathbb{C} - \{0,0\}$ *è:*

$$z = |z|(\cos\varphi + i\sin\varphi) \qquad con\ \varphi \in \text{Arg } z,$$

dimostrare che le rappresentazioni trigonometriche dei numeri complessi:

$$\frac{1}{z},\ \overline{z}\ e\ \frac{1}{\overline{z}}$$

sono rispettivamente:

$$|z|^{-1} \cdot (\cos\varphi - i\sin\varphi)$$
$$|z| \cdot (\cos\varphi - i\sin\varphi)$$
$$|z|^{-1} \cdot (\cos\varphi + i\sin\varphi)$$

Esercizio 1.14 *Sapendo che le rappresentazioni trigonometriche di due numeri complessi* z_1 *e* z_2 *sono rispettivamente:*

$$z_1 = |z_1|(\cos\varphi_1 + i\sin\varphi_1) \qquad con\ \varphi_1 \in \text{Arg } z_1$$
$$z_2 = |z_2|(\cos\varphi_2 + i\sin\varphi_2) \qquad con\ \varphi_2 \in \text{Arg } z_2$$

dimostrare che la rappresentazione trigonometrica del numero complesso $z = \dfrac{z_1}{z_2}$ *è:*

$$z = \frac{z_1}{z_2} = \frac{|z_1|}{|z_2|}\left(\cos(\varphi_1 - \varphi_2) + i\sin(\varphi_1 - \varphi_2)\right).$$

Esercizio 1.15 *Scrivere le* rappresentazioni trigonometriche *dei* numeri complessi:

a) $z = (1, 0)$

b) $z = (-1, 0)$

c) $z = (0, 1)$

d) $z = (0, -1)$

e) $z = (1, \sqrt{3})$

f) $z = (1, -\sqrt{3})$

g) $z = (\sqrt{3}, 1)$

h) $z = \dfrac{(3-1) \cdot (1-i)}{(2+i) \cdot (2-i)}$

Esercizio 1.16 *Calcolare la* potenza quarta *di ciascuno dei* numeri complessi *dell'esercizio 1.15.*

Esercizio 1.17 *Calcolare la* radice quinta *di ciascuno dei* numeri complessi *dell'esercizio 1.15.*

Esercizio 1.18 *Dire per quali valori del* parametro reale t *il* numero complesso
$$z = \frac{(-1+i)^6}{(\sqrt{5}-it)^2}$$
ha modulo $|z| = 1$.

Esercizio 1.19 *Calcolare la* parte intera del numero
$$\log_{10}\left[(4\pi^2+1) \cdot \mathfrak{Im}\left(\frac{-1+i}{1+i} \cdot \frac{2\pi+i}{2\pi-i}\right)\right].$$

A titolo di esempio risolviamo gli esercizi *1.12, 1.15, 1.18* e *1.19*.
Esercizio 1.12

Applicando la *definizione* (1.14) di *modulo* di un *numero complesso* $z = (a, b)$, si vede immediatamente che:

$$|z_1| = |z_2| = |z_3| = |z_4| = \sqrt{a^2 + b^2}$$

Per quanto riguarda gli *argomenti principali* di z_1, z_2, z_3 e z_4, osserviamo che:

$$z_4 = \overline{z}_1 \quad \text{e} \quad z_3 = \overline{z}_2$$

Poiché numeri complessi coniugati hanno *argomenti principali opposti*, si ha:

$$\arg z_4 = -\arg z_1 \quad \text{e} \quad \arg z_3 = -\arg z_2$$

e quindi basta calcolare $\arg z_1$ e $\arg z_2$.

Siccome z_1 e z_2 sono rappresentati da *punti* del *piano di Gauss* che appartengono rispettivamente al *primo* e *secondo quadrante*, la *tabella* sugli *argomenti principali* che abbiamo elaborato nel *paragrafo* 1.6 ci dice che:

$$\arg z_1 \in \left(0, \frac{\pi}{2}\right) \quad \text{e quindi} \quad \arg z_4 \in \left(-\frac{\pi}{2}, 0\right)$$

$$\arg z_2 \in \left(\frac{\pi}{2}, \pi\right) \quad \text{e quindi} \quad \arg z_4 \in \left(-\pi, -\frac{\pi}{2}\right).$$

Circa il calcolo effettivo di $\arg z_1$ e $\arg z_2$, nel *paragrafo* 1.10 abbiamo tracciato la strada per eseguirlo:
$\arg z_1$ è da ricercarsi tra le *soluzioni* dell'*equazione*

$$\tan \varphi = \frac{b}{a} \tag{1.46}$$

mentre $\arg z_2$, tra quelle dell'*equazione*:

$$\tan \varphi = -\frac{b}{a} \tag{1.47}$$

Poiché la generica *soluzione* della (1.46) è:

$$\varphi = \arctan \frac{b}{a} + k\pi \quad \text{con } k \in \mathbb{Z}$$

e quella della (1.47) è:

$$\varphi = \arctan\left(-\frac{b}{a}\right) + k\pi = -\arctan\frac{b}{a} + k\pi \quad \text{con } k \in \mathbb{Z},$$

essendo
$$0 < \arctan\frac{b}{a} < \frac{\pi}{2}$$

e quindi
$$-\frac{\pi}{2} < -\arctan\frac{b}{a} < 0$$

Concludiamo che:

$$\arg z_1 = \arctan\frac{b}{a} \qquad \text{e quindi} \qquad \arg z_4 = -\arctan\frac{b}{a}$$

$$\arg z_2 = -\arctan\frac{b}{a} + \pi \quad \text{e quindi} \quad \arg z_3 = -\left(-\arctan\frac{b}{a} + \pi\right) = \arctan\frac{b}{a} - \pi$$

Esercizio 1.15
Si tratta di scrivere, per i *numeri complessi* assegnati, la "formula"

$$z = |z|(\cos\varphi + i\sin\varphi), \quad \text{con } \varphi \in \operatorname{Arg} z \qquad (1.24)$$

Utilizzando $\varphi = \arg z$, si ha:

a) $z = (1,0) = 1 \cdot (\cos 0 + i\sin 0)$

b) $z = (-1,0) = 1 \cdot (\cos\pi + i\sin\pi)$

c) $z = (0,1) = 1 \cdot (\cos\frac{\pi}{2} + i\sin\frac{\pi}{2})$

d) $z = (0,-1) = 1 \cdot \left(\cos\left(-\frac{\pi}{2}\right) + i\sin\left(-\frac{\pi}{2}\right)\right) = 1 \cdot \left(\cos\frac{\pi}{2} - i\sin\frac{\pi}{2}\right)$

e) $z = (1, \sqrt{3})$
poiché

$$|z| = \sqrt{1^2 + \left(\sqrt{3}\right)^2} = 2$$

$$\tan\varphi = \frac{\sqrt{3}}{1} = \sqrt{3} \Rightarrow \varphi = \arctan\sqrt{3} + k\pi = \frac{\pi}{3} + k\pi \Rightarrow \arg z = \frac{\pi}{3}$$

si ha:
$$z = (1, \sqrt{3}) = 2\left(\cos\frac{\pi}{3} + i\sin\frac{\pi}{3}\right).$$

f) $z = (1, -\sqrt{3})$
poiché tale numero è il *coniugato* di $(1, \sqrt{3})$, si ha:
$$z = (1, -\sqrt{3}) = 2\left(\cos\left(-\frac{\pi}{3}\right) + i\sin\left(-\frac{\pi}{3}\right)\right) = 2\left(\cos\frac{\pi}{3} - \sin\frac{\pi}{3}\right).$$

g) $z = (\sqrt{3}, 1)$
poiché
$$|z| = \sqrt{\left(\sqrt{3}\right)^2 + 1^2} = 2$$
$$\tan\varphi = \frac{1}{\sqrt{3}} = \frac{\sqrt{3}}{3} \Rightarrow \varphi = \arctan\frac{\sqrt{3}}{3} + k\pi = \frac{\pi}{6} + k\pi \Rightarrow$$
$$\Rightarrow \arg z = \frac{\pi}{6}$$

si ha:
$$z = (\sqrt{3}, 1) = 2\left(\cos\frac{\pi}{6} + i\sin\frac{\pi}{6}\right).$$

h)
$$z = \frac{(3-1)\cdot(1-i)}{(2+i)\cdot(2-i)} = \frac{2-4i}{4+i} = \frac{2}{5} - \frac{4}{5}i = \left(\frac{2}{5}, -\frac{4}{5}\right)$$

poiché
$$|z| = \sqrt{\left(\frac{2}{5}\right)^2 + \left(-\frac{4}{5}\right)^2} = \sqrt{\frac{4+16}{25}} = \frac{2\sqrt{5}}{5}$$
$$\tan\varphi = \frac{-\frac{4}{5}}{\frac{2}{5}} = -2 \Rightarrow \varphi = \arctan(-2) + k\pi =$$
$$= -\arctan 2 + k\pi \text{ con } k \in \mathbb{Z};$$

da
$$-\frac{\pi}{2} < -\arctan 2 < 0 \Rightarrow \arg z = -\arctan 2$$

si ha:
$$z = \left(\frac{2}{5}, -\frac{4}{5}\right) = \frac{\sqrt{17}}{5}(\cos(-\arctan 2) + i\sin(-\arctan 2)) =$$
$$= \frac{\sqrt{17}}{5}(\cos(\arctan 2) - i\sin(\arctan 2)).$$

Esercizio 1.18
$$|z| = \left|\frac{(-1+i)^6}{(\sqrt{5}-it)^2}\right| = \frac{|(-1+i)^6|}{|(\sqrt{5}-it)^2|} = \frac{|-1+i|^6}{|\sqrt{5}-it|^2} = 1$$

Da qui segue
$$|-1+i|^6 = \left|\sqrt{5}-it\right|^2 \Leftrightarrow \left(\sqrt{(-1)^2+1^2}\right)^6 = \left(\sqrt{(\sqrt{5})^2+(-t)^2}\right)^2$$

Facendo un facile calcolo si ha:
$$8 = 5 + t^2 \Leftrightarrow t^2 = 3 \Leftrightarrow t = \pm\sqrt{3}.$$

Esercizio 1.19
Dobbiamo calcolare la *parte intera* del *numero*
$$\log_{10}\left[(4\pi^2+1)\cdot\Im\left(\frac{-1+i}{1+i}\cdot\frac{2\pi+i}{2\pi-i}\right)\right]. \tag{1.48}$$

Se denotiamo con z:
$$z = \frac{-1+i}{1+i}\cdot\frac{2\pi+i}{2\pi-i}$$
il numero complesso che compare nella (1.48), facendo i calcoli si ha:
$$z = \frac{-1+i}{1+i}\cdot\frac{2\pi+i}{2\pi-i} = \frac{(-1+i)(1-i)}{(1+i)(1-i)}\cdot\frac{(2\pi+i)^2}{(2\pi-i)(2\pi+1)} =$$
$$= \frac{2\!\!\!/i}{2\!\!\!/}\cdot\frac{(4\pi^2-1)+4\pi i}{4\pi^2+1} = i\cdot\frac{4\pi^2-1}{4\pi^2+1} - \frac{4\pi}{4\pi^2+1}.$$

Sostituendo il valore di z nella (1.47), otteniamo:

$$\log_{10}\left[(4\pi^2+1)\cdot\Im\left(i\cdot\frac{4\pi^2-1}{4\pi^2+1}-\frac{4\pi}{4\pi^2+1}\right)\right]=$$

$$=\log_{10}\left[\cancel{(4\pi^2+1)}\cdot\frac{4\pi^2-1}{\cancel{4\pi^2+1}}\right]=\log_{10}\left[4\pi^2-1\right].$$

Poiché è:

$$10<4\pi^2-1<100 \Rightarrow \quad 1<\log_{10}\left(4\pi^2-1\right)<2 \Rightarrow$$

$\Rightarrow$ la *parte intera* del numero che compare nella (1.48) è 1.

Risposte agli esercizi del Capitolo 1

Sulle operazioni tra numeri complessi espressi in forma algebrica e sulla rappresentazione di essi sul *piano di Gauss*

Risposta 1.1

d) $\frac{(1+i)^2}{1+i^5} = 1+i$

f) $\frac{(2+i)(3-2i)(1+2i)}{(1-i)^2} = -\frac{15}{2} + 5i$

Risposta 1.2

$\lambda = 0$

Risposta 1.6

c) *Non ha soluzione in* $\mathbb{C}$

d) $z_1 = (-\sqrt{2}, 0) \quad e \quad z_2 = (\sqrt{2}, 0)$

Sulla rappresentazione trigonometrica dei numeri complessi ed i suoi impieghi

Risposta 1.16

a) $z^4 = (\cos 0 + i \sin 0)$

b) $z^4 = (\cos(4\pi) + i \sin(4\pi))$

c) $z^4 = (\cos(2\pi) + i \sin(2\pi))$

d) $z^4 = (\cos(2\pi) - i \sin(2\pi))$

e) $z^4 = 2^4 \cdot \left(\cos\left(4 \cdot \frac{\pi}{3}\right) + i \sin\left(4 \cdot \frac{\pi}{3}\right)\right)$

f) $z^4 = 2^4 \cdot \left(\cos\left(4 \cdot \frac{\pi}{3}\right) - i \sin\left(4 \cdot \frac{\pi}{3}\right)\right)$

g) $z^4 = 2^4 \cdot \left(\cos\left(4 \cdot \frac{\pi}{6}\right) + i \sin\left(4 \cdot \frac{\pi}{6}\right)\right)$

h) $z^4 = \left(\frac{\sqrt{17}}{5}\right)^4 \cdot (\cos(4 \arctan 2) - i \sin(4 \arctan 2))$

Risposta 1.17

a) $z^{\frac{1}{5}} = \left(\cos \frac{0+2k\pi}{5} + i \sin \frac{0+2k\pi}{5}\right)$ con $k = 0, 1, 2, 3, 4$

b) $z^{\frac{1}{5}} = \left(\cos \frac{\pi+2k\pi}{5} + i \sin \frac{\pi+2k\pi}{5}\right)$ con $k = 0, 1, 2, 3, 4$

c) $z^{\frac{1}{5}} = \left(\cos \frac{\frac{\pi}{2}+2k\pi}{5} + i \sin \frac{\frac{\pi}{2}+2k\pi}{5}\right)$ con $k = 0, 1, 2, 3, 4$

d) $z^{\frac{1}{5}} = \left(\cos \frac{-\frac{\pi}{2}+2k\pi}{5} + i \sin \frac{-\frac{\pi}{2}+2k\pi}{5}\right)$ con $k = 0, 1, 2, 3, 4$

e) $z^{\frac{1}{5}} = \sqrt[5]{2}\left(\cos \frac{\frac{\pi}{3}+2k\pi}{5} + i \sin \frac{\frac{\pi}{3}+2k\pi}{5}\right)$ con $k = 0, 1, 2, 3, 4$

f) $z^{\frac{1}{5}} = \sqrt[5]{2}\left(\cos \frac{-\frac{\pi}{3}+2k\pi}{5} + i \sin \frac{-\frac{\pi}{3}+2k\pi}{5}\right)$ con $k = 0, 1, 2, 3, 4$

g) $z^{\frac{1}{5}} = \sqrt[5]{2}\left(\cos \frac{\frac{\pi}{6}+2k\pi}{5} + i \sin \frac{\frac{\pi}{6}+2k\pi}{5}\right)$ con $k = 0, 1, 2, 3, 4$

h) $z^{\frac{1}{5}} = \sqrt[5]{\frac{\sqrt{17}}{5}}\left(\cos \frac{\arctan 2+2k\pi}{5} + i \sin \frac{\arctan 2+2k\pi}{5}\right)$ con $k = 0, 1, 2, 3, 4$

Capitolo 2

I polinomi

La finalità di questo capitolo è di definire i *polinomi* e di studiarne quelle *proprietà* che verranno utilizzate nel prossimo capitolo.

2.1 I polinomi

Cominciamo con il dare la definizione di *polinomio*!

Definizione di polinomio di grado n
Si chiama polinomio di grado n (con n intero positivo o nullo) nella variabile t ogni espressione del tipo:

$$a_0 \cdot t^n + a_1 \cdot t^{n-1} + \cdots + a_{n-1} \cdot t + a_n \qquad \text{con } a_0 \neq 0 \qquad (2.1)$$

ove:

- $a_0, a_1, \ldots, a_n$ sono numeri assegnati di uno stesso insieme numerico $\mathbb{S}$ che nel seguito faremo coincidere con uno degli insiemi: $\mathbb{Q}$, $\mathbb{R}$ oppure $\mathbb{C}$. [1]

---

[1]Per parlare un linguaggio tecnico dovremmo dire: $a_0, a_1, \ldots, a_n$ sono elementi di un *corpo* $\mathbb{S}$. In matematica per *corpo* si intende un insieme $\mathbb{S} \neq \emptyset$ nel quale siano definite due *leggi di composizione interna* dette normalmente *addizione* e *moltiplicazione*; sono denotate con i simboli $+$, $\cdot$ e godono delle stesse proprietà dell'*addizione* e *moltiplicazione* definite negli insiemi $\mathbb{Q}$, $\mathbb{R}$ e $\mathbb{C}$ che sono appunto esempi di *corpi*.

Poiché nel polinomio compaiono le *operazioni di addizione* e *moltiplicazione*, che sono *leggi di composizione interna* ad un insieme, affinché la (2.1) abbia senso, la variabile t può assumere solo valori appartenenti allo stesso insieme numerico $\mathbb{S}$ a cui appartengono i numeri a_0, a_1, ..., a_{n-1}, a_n.

I suddetti numeri sono chiamati *coefficienti del polinomio*; in particolare a_0, *coefficiente direttivo* del polinomio mentre il coefficiente a_n è anche detto *termine noto del polinomio*.

Come si vede il valore di un polinomio dipende dal valore attribuito alla variabile t; è indipendente da esso *se e solo se* è $n = 0$; in tal caso infatti qualunque sia il valore attribuito alla *variabile t*, il valore del polinomio è quello del *termine noto* a_n che in questo caso diventa a_0.

Se è $n = 0$ ed $a_0 \neq 0$ si dice allora che il *polinomio* ha *grado zero*; se è invece $n = 0$ ed $a_0 = 0$ allora al polinomio non si attribuisce *alcun grado* e si dice che è un *polinomio identicamente nullo*.

Nel seguito denoteremo un polinomio con una *lettera maiuscola* dell'alfabeto italiano: A, B, C, ... oppure con una *lettera minuscola* dell'alfabeto greco: φ, ψ, ... e per mettere poi in evidenza che il valore del polinomio dipende dal valore attribuito alla *variabile t*, scriveremo: $A(t)$, $B(t)$, $C(t)$, ..., $\varphi(t)$, $\psi(t)$, ...

Se dobbiamo specificare il *grado del polinomio*, nel caso che esso non sia un *polinomio identicamente nullo*, denoteremo il polinomio con una lettera maiuscola dell'alfabeto italiano e le apporremo il *valore del grado* come *pedice*; scriveremo cioè $A_3(t)$ per denotare un polinomio di *grado* 3, $A_5(t)$ per denotarne uno di *grado* 5, $A_n(t)$ per denotarne uno di *grado n*.

Se dobbiamo invece considerare simultaneamente un certo numero p di polinomi e non interessa specificare quali siano i loro *gradi*, li denoteremo tutti con una medesima lettera minuscola dell'alfabeto greco e, per distinguere un polinomio dall'altro, le apporremo come *pedice* uno dei numeri: 1, 2, ..., p. Scriveremo cioè: $\varphi_1(t)$, $\varphi_2(t)$, ..., $\varphi_p(t)$ oppure $\psi_1(t)$, $\psi_2(t)$, ..., $\psi_p(t)$.

Affinché non restino dubbi sulla convenzione fatta insistiamo nel dire che $A_3(t)$ denota un polinomio di *grado* 3, mentre $\varphi_3(t)$ denota semplicemente uno dei polinomi dell'insieme (di polinomi) considerato, quindi il

§ 2.1 I polinomi

valore del *pedice* 3 non ha nulla a che vedere con il *grado* del polinomio $\varphi_3(t)$, che non viene specificato.

L'insieme dei polinomi, i cui coefficienti appartengono ad $\mathbb{S}$, si denota con il simbolo $\mathbb{S}[t]$.

- Se è $\mathbb{S} = \mathbb{C}$ allora denoteremo la *variabile* con z anziché con t e diremo che il polinomio (2.1) è un *polinomio di grado n a coefficienti complessi* di *variabile complessa*.

  L'insieme costituito dai polinomi a *coefficienti* in $\mathbb{C}$ si denota abitualmente con il simbolo $\mathbb{C}[z]$.

- Se è invece $\mathbb{S} = \mathbb{R}$ allora denoteremo la *variabile* con x anziché con t, i *coefficienti*, con $a'_0, a'_1, \ldots, a'_{n-1}, a'_n$ anziché con $a_0, a_1, \ldots, a_{n-1}, a_n$ e diremo che il polinomio (2.1) è un *polinomio di grado n a coefficienti reali* di *variabile reale*.

  L'insieme costituito dai polinomi a *coefficienti* in $\mathbb{R}$ si denota abitualmente con il simbolo $\mathbb{R}[x]$.

Ora che abbiamo fissato le notazioni, diamo la definizione di *polinomi identici* !

Definizione di polinomi identici
Due polinomi $A(t)$ e $B(t)$ di $\mathbb{S}[t]$ si dicono identici se per ogni $t \in \mathbb{S}$ risulta $A(t) = B(t)$.

Una *condizione necessaria e sufficiente* affinché due polinomi di $\mathbb{S}[t]$ siano *identici* è data dal seguente teorema noto come *principio di identità dei polinomi*:

Teorema 2.1 - ***Principio di identità dei polinomi***
Condizione necessaria e sufficiente affinché due polinomi $A(t)$ e $B(t)$ di $\mathbb{S}[t]$ siano identici *è che abbiano lo stesso grado ed uguali i coefficienti dei termini simili oppure che siano identicamente nulli.*

Occupiamoci ora delle *operazioni* di *addizione, sottrazione, moltiplicazione* e *divisione* tra due polinomi di $\mathbb{S}[t]$.

2.2 Operazioni tra due polinomi di $\mathbb{S}[t]$

Dati due polinomi $A(t)$ e $B(t)$ di $\mathbb{S}[t]$ si possono effettuare su di essi le *operazioni* di *addizione, sottrazione* e *moltiplicazione* ottenendo nei tre casi come risultato un *polinomio* di $\mathbb{S}[t]$ che prende rispettivamente il nome di *polinomio somma, differenza* e *prodotto*.

Tali *operazioni* sono definite nello stesso modo in cui sono state definite nelle Scuole Superiori le *operazioni omonime* tra due polinomi di $\mathbb{R}[x]$ per cui, convinti che lo Studente abbia dimestichezza con esse, ci dispensiamo dal ripeterne le definizioni.

Dati due polinomi:

$$A_m(t) = a_0 \cdot t^m + a_1 \cdot t^{m-1} + a_2 \cdot t^{m-2} + \cdots + a_{m-1} \cdot t + a_m \quad , \quad \text{con } a_0 \neq 0$$

e

$$B_n(t) = b_0 \cdot t^n + b_1 \cdot t^{n-1} + b_2 \cdot t^{n-2} + \cdots + b_{n-1} \cdot t + b_n \quad , \quad \text{con } b_0 \neq 0$$

le uniche cose che vogliamo ricordare sono:

1. il *polinomio somma* $A_m(t) + B_n(t)$ è di *grado* $s \leq \max\{m, n\}$; risulta $s < \max\{m, n\}$ se e solo se è $m = n$ ed $a_0 + b_0 = 0$

2. il *polinomio prodotto* $A_m(t) \cdot B_n(t)$ è di grado $p = m + n$.

Oltre alle tre *operazioni* suddette, dati due polinomi $A(t)$ e $B(t)$ di $\mathbb{S}[t]$, con $B(t)$ *non identicamente nullo*, si definisce anche l'*operazione di divisione* tra $A(t)$ e $B(t)$.

Come risultato di tale *operazione* si hanno *due polinomi* che denotiamo con $Q(t)$ e $R(t)$ e sono tali da verificare la *tesi* del seguente teorema:

Teorema 2.2 *Dati due polinomi $A(t)$ e $B(t)$ di $\mathbb{S}[t]$ con $B(t)$ non identicamente nullo, esistono in $\mathbb{S}[t]$ e sono* unici *due polinomi $Q(t)$ e $R(t)$ tali che:*

$$A(t) = B(t) \cdot Q(t) + R(t) \tag{2.2}$$

ove $R(t)$:

- *o è identicamente nullo*

§ 2.3 Divisori di un polinomio e polinomi irriducibili

– o ha il grado minore *del grado di B(t)*.

Prima di proseguire, fissiamo un po' di terminologia!
Il polinomio $Q(t)$ si chiama *polinomio quoziente* mentre il polinomio $R(t)$, *polinomio resto*.

Se il polinomio $R(t)$ è *identicamente nullo* allora si dice che il polinomio $A(t)$ è *divisibile* per il polinomio $B(t)$ oppure che il polinomio $B(t)$ è un *divisore* del polinomio $A(t)$.

Di tale *teorema* non diamo la dimostrazione perché è la stessa che lo Studente ha visto nelle Scuole Superiori quando gli è stata definita l'*operazione di divisione* tra due polinomi $A(x)$ e $B(x)$ di $\mathbb{R}[x]$. Ciò che invece vogliamo fare è vedere, dato un polinomio $A(t)$ di $\mathbb{S}[t]$, quali previsioni tale *teorema* ci consente di fare circa l'esistenza in $\mathbb{S}[t]$ di *divisori* di esso.

2.3 Divisori di un polinomio e polinomi irriducibili di $\mathbb{S}[t]$

Nell'enunciare il *teorema 2.2* l'unica ipotesi che abbiamo fatto è che $B(t)$ non fosse *identicamente nullo* e pertanto avesse un grado $n \geq 0$.

D'accordo con la convenzione fatta nel *paragrafo 2.1*, denotiamolo allora con $B_n(t)$ anziché con $B(t)$.

Per quanto riguarda $A(t)$, distinguiamo due casi:

1° **caso** $A(t)$ è *identicamente nullo*.

2° **caso** $A(t)$ *non è identicamente nullo* e pertanto ha un determinato grado $m \geq 0$; sempre per la convenzione sopra ricordata, denotiamolo allora con $A_m(t)$ anziché con $A(t)$.

Nel 1° ***caso***, poiché $A(t)$ è *identicamente nullo* allora qualunque sia il polinomio $B_n(t)$ che si consideri, la (2.2) è verificata dai polinomi:

$Q(t)$ identicamente nullo e $R(t)$ identicamente nullo.

L'essere $R(t)$ *identicamente nullo* ci permette allora di concludere:

   - **Dato un polinomio $A(t)$ identicamente nullo, ogni polinomio $B_n(t)$ con $n \geq 0$ è un divisore di esso.**

Nel 2° *caso*, vediamo se $A_m(t)$ ha *divisori* tra i polinomi $B_n(t)$ con: $n > m$, $n = m$ e $n < m$.

Se è $n > m$, qualunque sia il polinomio $B_n(t)$ che si consideri, la (2.2) é verificata dai polinomi:

$$Q(t) \text{ identicamente nullo} \quad \text{e} \quad R(t) = A_m(t).$$

L'essere $R(t)$ *non identicamente nullo* ci permette allora di concludere:

   - **Dato un polinomio $A_m(t)$, non esistono polinomi $B_n(t)$ con $n > m$ che siano divisori di esso.**

Se è $n = m$, qualunque sia il polinomio $B_n(t)$ che si consideri, la (2.2) é verificata da un polinomio $Q(t)$ di *grado zero* e da un polinomio $R(t)$ che a-priori può essere:

   – o un *polinomio di grado $\leq m - 1$*

   – o un *polinomio identicamente nullo*.

$R(t)$ è *identicamente nullo* se e solo se è $B_m(t) = c \cdot A_m(t)$ con $c \neq 0$. In tal caso la (2.2) è infatti verificata dai polinomi:

$$Q(t) = \tfrac{1}{c} \quad \text{e} \quad R(t) \text{ identicamente nullo}.$$

L'essere $R(t)$ *identicamente nullo* ci permette allora di concludere:

   - **Dato un polinomio $A_m(t)$, tra i polinomi $B_m(t)$ sono divisori di esso tutti e soli i polinomi del tipo $B_m(t) = c \cdot A_m(t)$ con $c \neq 0$.**

Se è $n < m$, qualunque sia il polinomio $B_n(t)$ che si consideri, la (2.2) é verificata da un polinomio $Q(t)$ di *grado $m - n$* e da un polinomio $R(t)$ che a-priori può essere:

   – o un *polinomio di grado $\leq n - 1$*

   – o un *polinomio identicamente nullo*.

§ 2.3 Divisori di un polinomio e polinomi irriducibili

Sicuramente $R(t)$ è *identicamente nullo* se il polinomio $B_n(t)$ è di *grado zero* cioè è una costante $c \neq 0$.

In tal caso la (2.2) è infatti verificata dai polinomi:

$$Q(t) = \frac{1}{c} \cdot A_m(t) \qquad \text{e} \qquad R(t) \text{ identicamente nullo.}$$

L'essere $R(t)$ *identicamente nullo* ci permette allora di concludere:

- **Dato un polinomio $A_m(t)$, tra i polinomi $B_n(t)$ con $n < m$ sono sicuramente *divisori* di esso tutti i polinomi di *grado zero*.**

Resta ora da indagare se, dato un polinomio $A_m(t)$, esistono altri *divisori* di esso di *grado* n, con $0 < n < m$.

Il *teorema 2.2* ci darà una mano in tale indagine.

Diamo intanto una definizione!

Definizione di polinomio irriducibile
Dato un polinomio $A_m(t)$ di $\mathbb{S}[t]$, si dice che esso è un *polinomio irriducibile* se non ha altri divisori in $\mathbb{S}[t]$ oltre ai polinomi di *grado zero* ed ai polinomi di *grado* m del tipo: $c \cdot A_m(t)$ con $c \neq 0$. [2]

Se un polinomio $A_m(t)$ ha invece in $\mathbb{S}[t]$ divisori $B_n(t)$ con $0 < n < m$ allora si dice che è un *polinomio riducibile*.

Se un polinomio $A_m(t)$ è *riducibile*, detto $B_n(t)$ con $0 < n < m$ uno dei suoi *divisori*, in accordo con la (2.2), esso può essere scritto come *prodotto* dei due polinomi $B_n(t)$ e $Q_{m-n}(t)$:

$$A_m(t) = B_n(t) \cdot Q_{m-n}(t) \tag{2.3}$$

ciascuno dei quali può essere riguardato come un *divisore* di $A_m(t)$.

Se entrambi i polinomi $B_n(t)$ e $Q_{m-n}(t)$ sono *irriducibili*, la (2.3) è la *formula di decomposizione* del polinomio $A_m(t)$ come *prodotto di polinomi irriducibili*.

Se invece almeno uno dei due polinomi è *riducibile*, ad esempio $B_n(t)$, esistono allora due polinomi $B'_p(t)$ e $B''_{n-p}(t)$ con $0 < p < n$ entrambi *divisori* di esso tali da avere:

$$B_n(t) = B'_p(t) \cdot B''_{n-p}(t) \tag{2.4}$$

---

[2] I *polinomi irriducibili* di $\mathbb{S}[t]$ sono l'analogo dei *numeri primi* di $\mathbb{N}$.

Sostituendo la (2.4) nella (2.3) otteniamo:

$$A_m(t) = B'_p(t) \cdot B''_{n-p}(t) \cdot Q_{m-n}(t).$$

Se a loro volta $B'_p(t)$ e B''_{n-p} sono *riducibili*, ciascuno di essi può essere espresso come *prodotto* di due polinomi.

Il procedimento si può continuare fino ad arrivare a scrivere il polinomio $A_m(t)$ come *prodotto* di *polinomi irriducibili* di $\mathbb{S}[t]$.

L'obiettivo di questi discorsi sui polinomi è quello di rappresentare un qualunque *polinomio riducibile* $A_m(t)$ di $\mathbb{S}[t]$ come prodotto di *polinomi irriducibili* di esso.

Per raggiungere tale obiettivo dobbiamo quindi sapere quali sono i *polinomi irriducibili* di $\mathbb{S}[t]$.

Qualunque sia l'insieme $\mathbb{S}$ (il *corpo*) a cui appartengono i *coefficienti* del *polinomio* $A_m(t)$, sicuramente sono *irriducibili* i polinomi di *grado zero* ed i polinomi di 1° *grado*:

$$A_0(t) = a_0 \neq 0 \qquad \text{e} \qquad A_1(t) = a_0 t + a_1 \qquad \text{con } a_0 \neq 0$$

perché appunto verificano la definizione di *polinomio irriducibile*.

Oltre ad essi, vi sono in $\mathbb{S}[t]$ altri *polinomi irriducibili*?

La risposta sarà negativa se riusciremo a provare che dato un qualunque polinomio $A_m(t)$ di $\mathbb{S}[t]$ con $m \geq 2$, esso può essere espresso come *prodotto* di $m+1$ *polinomi* di cui:

– uno di *grado zero*

– m di 1° *grado*.

Per rispondere a tale domanda, cominciamo con il dire che cosa è uno *zero* di un polinomio.

2.4 Zeri di un polinomio e loro proprietà

Diamo la definizione di *zero* di un polinomio!

§ 2.4 Zeri di un polinomio

Definizione di zero di un polinomio
Si chiama *zero* di un polinomio $A(t)$ di $\mathbb{S}[t]$ ogni numero $\alpha \in \mathbb{S}$ tale che risulti $A(\alpha) = 0$.

Da tale definizione segue:

1. se un polinomio $A(t)$ è *identicamente nullo*, ogni numero di $\mathbb{S}$ è uno *zero* di esso.

2. se un polinomio $A(t)$ è di *grado zero* allora non ha *zeri*.

3. se un polinomio $A_m(t)$ ha *grado* $m > 0$ allora i suoi *zeri* sono le *soluzioni* (o radici) in $\mathbb{S}$ dell'*equazione* che si ottiene uguagliando a zero il polinomio stesso. In altre parole, l'*insieme degli zeri* di un polinomio

$$A_m(t) = a_0 \cdot t^m + a_1 \cdot t^{m-1} + \cdots + a_{m-1} \cdot t + a_m \qquad (2.5)$$

coincide con l'*insieme delle soluzioni* in $\mathbb{S}$ dell'equazione

$$A_m(t) = a_0 \cdot t^m + a_1 \cdot t^{m-1} + \cdots + a_{m-1} \cdot t + a_m = 0$$

che prende il nome di *equazione algebrica di grado m*.

Per cercare gli *zeri* di un polinomio $A_m(t)$ quindi, dovremo ricercare le *soluzioni* in $\mathbb{S}$ dell'equazione $A_m(t) = 0$.

Ora che abbiamo definito gli *zeri di un polinomio* ed abbiamo detto quale è la via per trovarli, vediamo di quali *proprietà* essi godono.

Ripartiamo dal *teorema 2.2* !

Da tale *teorema* segue:
Fissato un qualunque numero $\alpha \in \mathbb{S}$, se si divide un qualunque polinomio $A_m(t)$ con $m \geq 1$ di $\mathbb{S}[t]$ per il polinomio $B_1(t) = t - \alpha$, la (2.2) diviene

$$A_m(t) = (t - \alpha) \cdot Q(t) + R \qquad (2.6)$$

ove $Q(t)$ è un *polinomio di grado* $m - 1$ e R una *costante*, uguale a *zero* se $A_m(t)$ è *divisibile* per $t - \alpha$.

La (2.6), dovendo essere verificata qualunque sia il valore attribuito alla *variabile t*, lo è pure per $t = \alpha$.
Per $t = \alpha$ essa diviene:

$$A_m(\alpha) = R. \qquad (2.7)$$

Concludendo possiamo allora enunciare il seguente *teorema*:

Teorema 2.3 *Dividendo un qualunque polinomio $A_m(t)$ con $m \geq 1$ per un polinomio di 1° grado della forma $t - \alpha$, il resto della divisione è dato dal valore del polinomio $A_m(t)$ quando alla variabile t si attribuisce il valore α. In simboli:*

$$A_m(t) = (t - \alpha) \cdot Q(t) + A_m(\alpha). \qquad (2.8)$$

Se α è uno *zero* del polinomio $A_m(t)$, cioè se risulta $A_m(\alpha) = 0$, dalla (2.8) segue che:

$$A_m(t) = (t - \alpha) \cdot Q(t). \qquad (2.9)$$

La (2.9) riassume il famoso *teorema di Ruffini*:

Teorema 2.4 - *Teorema di Ruffini*
Condizione necessaria e sufficiente affinché un polinomio $A_m(t)$ sia divisibile per un polinomio di 1° grado della forma $t - \alpha$ è che α sia uno zero del polinomio $A_m(t)$.

Il *teorema di Ruffini* in sostanza ci dice:
- Se il numero $\alpha \in S$ è uno *zero* di un polinomio $A_m(t)$ (con $m \geq 1$) di $\mathbb{S}[t]$ allora il *polinomio di 1° grado* $t - \alpha$ è un *divisore* di esso.
Tale risultato ci consente di dimostrare quest'altro *teorema*:

Teorema 2.5 *Dato un qualunque polinomio $A_m(t)$ con $m \geq 1$ di $\mathbb{S}[t]$, se esso ha un numero di zeri in $\mathbb{S}$ uguale al suo grado:*

$$\alpha_1, \alpha_2, \ldots, \alpha_m$$

allora:

§ 2.4 Zeri di un polinomio

1. *ciascuno dei* polinomi di 1° grado:

$$t - \alpha_1 \;,\; t - \alpha_2 \;,\; \ldots \;,\; t - \alpha_m \qquad (2.10)$$

è un divisore *di esso*.

2. *il polinomio* $A_m(t)$ *può essere scritto come* prodotto *di tali divisori per il suo* coefficiente direttivo a_0:

$$A_m(t) = a_0 \cdot (t - \alpha_1) \cdot (t - \alpha_2) \cdots (t - \alpha_m). \qquad (2.11)$$

Dimostrazione
La verità della *affermazione 1.* segue dal *teorema di Ruffini* (*teorema 2.4*).

Per dimostrare la verità della *affermazione 2.* ragioniamo cosí:

Poiché ciascuno dei polinomi (2.10) è un *divisore* del polinomio $A_m(t)$ anche il *prodotto* di essi lo è.

Siccome quest'ultimo ha *grado* m, eseguendo la *divisione* tra $A_m(t)$ ed il *polinomio prodotto*, otteniamo un *polinomio quoziente* $Q(t)$ di *grado zero* cioè risulta $\quad Q(t) = Q_0 \neq 0$.

Si ha allora

$$A_m(t) = Q_0 \cdot (t - \alpha_1) \cdot (t - \alpha_2) \cdots (t - \alpha_m). \qquad (2.12)$$

Eseguendo i calcoli indicati nel membro di destra della (2.12) vediamo che Q_0 è il *coefficiente direttivo* di $A_m(t)$.

Dovendo poi tale polinomio coincidere con il polinomio (2.5), per il *principio di identità dei polinomi* (*teorema 2.1*) risulta $Q_0 = a_0$ e pertanto la (2.11) è provata.

c.v.d.

Tale *teorema* ci dice:
gli unici *polinomi irriducibili* di $\mathbb{S}[t]$ sono quelli di *grado zero* e di 1° *grado* se e solo se ogni polinomio $A_m(t)$ con $m \geq 2$ di $\mathbb{S}[t]$ ha m *zeri* in $\mathbb{S}$.

Alcuni degli zeri $\alpha_1, \alpha_2, \ldots, \alpha_m$ possono poi essere uguali tra loro.

Se denotiamo con α_1, α_2, ..., α_r gli *zeri* tra loro *distinti* e con ν_1 il numero di *zeri* uguali ad α_1, con ν_2 il numero di *zeri* uguali ad α_2 ed infine con ν_r il numero di *zeri* uguali ad α_r, la (2.11) diviene:

$$A_m(t) = a_0 \cdot (t - \alpha_1)^{\nu_1} \cdot (t - \alpha_2)^{\nu_2} \cdots (t - \alpha_r)^{\nu_r}. \qquad (2.13)$$

I numeri $\nu_1, \nu_2, \ldots, \nu_r$ si chiamano *ordini di molteplicità* degli zeri $\alpha_1, \alpha_2, \ldots, \alpha_r$. n Se uno *zero* α ha *ordine di molteplicità* $\nu = 1$ si dice che è uno *zero semplice*; se ha *ordine di molteplicità* $\nu = 2$, che è uno *zero doppio*, ecc ...

In generale, se uno *zero* α ha *ordine di molteplicità* $\nu > 1$, si dice che è uno *zero multiplo*.

È evidente che:

$$\nu_1 + \nu_2 + \cdots + \nu_r = m.$$

Nel caso che il *polinomio* (2.5) abbia un *numero* di *zeri*, distinti oppure no, uguale al suo *grado* m, la (2.13) fornisce la *rappresentazione* di esso come prodotto di *polinomi irriducibili* di $\mathbb{S}[t]$.

Alla luce di tale risultato esaminiamo ora il caso in cui l'insieme $\mathbb{S}[t]$ coincide con l'insieme $\mathbb{C}[z]$.

Se dimostreremo che ogni polinomio di $\mathbb{C}[z]$ ha un *numero di zeri*, distinti oppure no, uguale al *suo grado*, concluderemo che:

- gli unici *polinomi irriducibili* di $\mathbb{C}[z]$ sono quelle di *grado zero* e di $1°$ *grado*

- per ogni polinomio $A_m(z)$ si ha la *formula di decomposizione in fattori* (2.11) o in particolare (2.13).

2.5 Quali sono i polinomi irriducibili di $\mathbb{C}[z]$

In accordo con le notazioni stabilite nel *paragrafo* 2.1, denotiamo con $A_m(z)$ con $m \geq 1$ il generico *polinomio di grado* m di $\mathbb{C}[z]$ e poniamoci il problema dell'esistenza dei suoi *zeri*.

Cominciamo con il dare il seguente *teorema*:

§ 2.5 Polinomi irriducibili di $\mathbb{C}[z]$

Teorema 2.6 *Un qualunque polinomio $A_m(z)$ di $\mathbb{C}[z]$ non può avere più di m zeri in $\mathbb{C}$.*

Di tale teorema non possiamo dare la dimostrazione perché è basata sulla *teoria dei sistemi lineari di equazioni* ed in nessun libro della presente collana abbiamo parlato di essi; ció che invece vogliamo sottolineare è il fatto che il teorema non assicura l'*esistenza degli zeri* del polinomio ma dice solo che, nel caso che gli *zeri* del polinomio $A_m(z)$ esistano, il numero di essi non può superare il *grado m* del polinomio.

L'esistenza degli *zeri* di un polinomio di grado $m \geq 1$ è invece assicurata da quest'altro *teorema*, noto come *teorema di D'Alembert* o *teorema fondamentale dell'algebra*.

Teorema 2.7 - *Teorema di D'Alembert o teorema fondamentale dell'algebra*
Ogni polinomio $A_m(z)$ di grado $m \geq 1$ di $\mathbb{C}[z]$ ammette almeno uno zero in $\mathbb{C}$.

Neanche di tale *teorema* daremo la dimostrazione perché trascende i limiti del libro; di esso sono importanti le conseguenze; per poterle dedurre è necessario tenere ben presente il *teorema di Ruffini*.

Vediamo allora come i *teoremi di D'Alembert* e *di Ruffini* ci permettono di concludere quanti sono gli *zeri* di un polinomio di grado $m \geq 1$ di $\mathbb{C}[z]$.

Dato un polinomio $A_m(z)$:

$$A_m(z) = a_0 \cdot z^m + a_1 \cdot z^{m-1} + \cdots + a_{m-1} \cdot z + a_m \qquad (2.14)$$

se è $m = 1$, il *teorema di D'Alembert* (*teorema 2.7*) ci dice che il polinomio ha *almeno uno zero* ed il *teorema 2.6* che può averne *al più uno* per cui concludiamo che esso ha un *solo zero*.

Se invece il *grado m* del polinomio è *maggiore di uno*, per stabilire il *numero degli zeri* di esso ragioniamo così:

Per il *teorema di D'Alembert* (*teorema 2.7*) esiste almeno uno *zero* α_1 in $\mathbb{C}$ del polinomio $A_m(z)$.

Il *teorema di Ruffini* (*teorema 2.4*) poi, consente di scrivere il polinomio (2.14) come *prodotto di due polinomi*:

$$A_m(z) = (z - \alpha_1) \cdot Q_{m-1}(z). \tag{2.15}$$

Se è $m - 1 > 0$, il polinomio $Q_{m-1}(z)$, sempre per il *teorema di D'Alembert*, ammette almeno uno *zero* α_2 in $\mathbb{C}$.

Applicando di nuovo il *teorema di Ruffini*, possiamo allora scrivere:

$$Q_{m-1}(z) = (z - \alpha_2) \cdot Q_{m-2}(z). \tag{2.16}$$

Sostituendo la (2.16) nella (2.15) otteniamo:

$$A_m(z) = (z - \alpha_1) \cdot (z - \alpha_2) \cdot Q_{m-2}(z) \quad .$$

Così continuando, arriviamo a scrivere il polinomio $A_m(z)$ come prodotto di $m + 1$ fattori:

$$A_m(z) = (z - \alpha_1) \cdot (z - \alpha_2) \cdot (z - \alpha_3) \cdots (z - \alpha_m) \cdot Q_0 \tag{2.17}$$

ove Q_0 è una *costante* non nulla.

La (2.17), a parte il nome della *variabile*, coincide con la (2.12) però il ragionamento fatto per dedurre tale *formula di decomposizione* è completamente diverso nei due casi.

La (2.12) è stata dedotta infatti supponendo *a-priori* l'esistenza degli m *zeri*: $\alpha_1, \alpha_2, \ldots, \alpha_m$ in $\mathbb{S}$ del polinomio $A_m(t)$ mentre la (2.17) è una conseguenza del *teorema di D'Alembert* (*teorema 2.7*).

Resta ora da determinare la *costante* Q_0.

Ripetendo il ragionamento fatto nella *dimostrazione* del *teorema 2.5*, concludiamo che è $Q_0 = a_0$ per cui la (2.17) diviene

$$A_m(z) = a_0 \cdot (z - \alpha_1) \cdot (z - \alpha_2) \cdot (z - \alpha_3) \cdots (z - \alpha_m). \tag{2.18}$$

Se alcuni degli zeri $\alpha_1, \alpha_2, \ldots, \alpha_m$ sono poi *uguali tra loro*, detti $\alpha_1, \alpha_2, \ldots, \alpha_r$ gli *zeri* tra loro *distinti* e rispettivamente $\nu_1, \nu_2, \ldots, \nu_r$ i loro *ordini di molteplicità*, la (2.18) diviene:

$$A_m(z) = a_0 \cdot (z - \alpha_1)^{\nu_1} \cdot (z - \alpha_2)^{\nu_2} \cdots (z - \alpha_r)^{\nu_r}. \tag{2.19}$$

§ 2.6 Relazione tra $\mathbb{R}[x]$ e $\mathbb{C}[z]$

La (2.19) ci consente di concludere:
- gli unici *polinomi irriducibili* di $\mathbb{C}[z]$ sono quelli di *grado zero* e di $1°$ *grado* poiché ogni altro polinomio può essere espresso come *prodotto* del suo *coefficiente direttivo* (polinomio di *grado zero*) per m *polinomi di* $1°$ *grado* alcuni dei quali eventualmente uguali tra loro.

Vogliamo ora indagare quali sono i *polinomi irriducibili* di $\mathbb{R}[x]$.
Per fare tale indagine partiamo dalla *relazione* che esiste tra gli insiemi $\mathbb{R}[x]$ e $\mathbb{C}[z]$.

2.6 Relazione tra gli insiemi $\mathbb{R}[x]$ e $\mathbb{C}[z]$

Sia $\mathbb{C}'[z]$ il *sottoinsieme* di $\mathbb{C}[z]$ costituito dal *polinomio identicamente nullo* di $\mathbb{C}[z]$ e dai *polinomi*:

$$A_m(z) = a_0 \cdot z^m + a_1 \cdot z^{m-1} + \cdots + a_{m-1} \cdot z + a_m \quad \text{con } m \geq 0 \quad (2.20)$$

i cui *coefficienti* appartengono a $\mathbb{C}'$:

$$\begin{aligned} a_0 &= (a'_0, 0) \\ a_1 &= (a'_1, 0) \\ \cdots &= \cdots \\ a_{m-1} &= (a'_{m-1}, 0) \\ a_m &= (a'_m, 0) \end{aligned}$$

A proposito del *sottoinsieme* $\mathbb{C}'[z]$ constatiamo che:

1. i *polinomi somma* e *prodotto* di due *polinomi* di $\mathbb{C}'[z]$ sono ancora *polinomi* di $\mathbb{C}'[z]$.

2. per via dell'*isomorfismo* esistente tra $\mathbb{C}'$ e $\mathbb{R}$, il sottoinsieme $\mathbb{C}'[z]$ può essere posto in *corrispondenza biunivoca* con l'insieme $\mathbb{R}[x]$ al modo seguente:

$$\begin{aligned} A_m(z) &= a_0 \cdot z^m + a_1 \cdot z^{m-1} + \cdots + a_{m-1} \cdot z + a_m \\ &\updownarrow \\ A_m(x) &= a'_0 \cdot x^m + a'_1 \cdot x^{m-1} + \cdots + a'_{m-1} \cdot x + a'_m \end{aligned} \quad (2.21)$$

ed è facile verificare che tale *corrispondenza* gode della seguente proprietà:

- se *addizioniamo* o *moltiplichiamo* due polinomi di $\mathbb{C}'[z]$ ed i polinomi di $\mathbb{R}[x]$ ad essi *corrispondenti* secondo la (2.21), anche i polinomi *somma* e *prodotto* si *corrispondono*.

Tale *proprietà* è la stessa di cui gode la *corrispondenza* (1.12) tra gli insiemi $\mathbb{C}'$ e $\mathbb{R}$; avendo chiamato quest'ultima *isomorfismo* tra l'insieme $\mathbb{C}'$ e l'insieme $\mathbb{R}$, chiameremo *isomorfismo* anche la *corrispondenza* (2.21) tra l'insieme $\mathbb{C}'[z]$ e l'insieme $\mathbb{R}[x]$.

Diremo anche qui che gli insiemi $\mathbb{C}'[z]$ e $\mathbb{R}[x]$ sono due *insiemi isomorfi* rispetto alle *operazioni di addizione* e *moltiplicazione* in essi introdotte.

Anche qui, come abbiamo fatto nel caso degli insiemi $\mathbb{C}'$ e $\mathbb{R}$, per esprimere il fatto che gli insiemi $\mathbb{C}'[z]$ e $\mathbb{R}[x]$ sono due *insiemi isomorfi*, scriveremo:

$$\mathbb{C}'[z] \leftrightarrow \mathbb{R}[x]$$

Se consideriamo due polinomi $A_m(z)$ ed $A_m(x)$, appartenenti rispettivamente agli insiemi $\mathbb{C}'[z]$ e $\mathbb{R}[x]$, che si corrispondono nell'*isomorfismo* (2.21), constatiamo che:

- Se nel polinomio $A_m(z)$ attribuiamo alla *variabile* z un valore $\alpha = (\beta, 0) \in \mathbb{C}'$ e nel polinomio $A'_m(x)$ alla *variabile* x il valore β (parte reale di α), allora tra i numeri $A_m(\alpha)$ ed $A'_m(\beta)$ sussiste la relazione:

$$A_m(\alpha) = (A_m(\beta), 0) \qquad ^3 \qquad (2.22)$$

Dalla (2.22) segue che se $\alpha = (\beta, 0)$ è uno *zero* appartenente a $\mathbb{C}'$ del polinomio $A_m(z)$, il numero β (parte reale di α) è uno *zero* appartenente a $\mathbb{R}$ del polinomio $A'_m(x)$ ad esso corrispondente.

---

[3]Nel calcolo di $A_m(\alpha)$ infatti si fanno solo *operazioni di addizione* e *moltiplicazione* tra numeri di $\mathbb{C}'$ in quanto appartengono a $\mathbb{C}'$ sia i *coefficienti del polinomio* $A_m(z)$ che il *numero* α e sappiamo dal *paragrafo 1.4* che la *somma* ed il *prodotto* di numeri di $\mathbb{C}'$ sono numeri di $\mathbb{C}'$.

§ 2.7 Considerazioni sugli zeri di $\mathbb{C}'[z]$

Il polinomio $A_m(x)$ quindi ha tanti *zeri* in $\mathbb{R}$ quanti sono gli *zeri* di $A_m(z)$ in $\mathbb{C}'$.

Ciò premesso, occupiamoci degli zeri dei polinomi $A_m(z)$ di $\mathbb{C}'[z]$!

2.7 Considerazioni sugli zeri dei polinomi di $\mathbb{C}'[z]$

Un *polinomio* di *grado m* di $\mathbb{C}'[z]$:

$$A_m(z) = a_0 \cdot z^m + a_1 \cdot z^{m-1} + \cdots + a_{m-1} \cdot z + a_m \quad , \text{ con } a_0 \neq 0 \quad (2.20)$$

poiché appartiene anche a $\mathbb{C}[z]$, come ogni altro *polinomio di grado m* di $\mathbb{C}[z]$ ha *m zeri* in $\mathbb{C}$:

$$\alpha_1, \alpha_2, \ldots, \alpha_{m-1}, \alpha_m$$

tra loro *distinti* o *coincidenti*.

Può accadere che:

- *tutti* i suoi *zeri* appartengono a $\mathbb{C}'$, cioè sono *numeri complessi reali*

- *tutti* i suoi *zeri* appartengono a $\mathbb{C} - \mathbb{C}'$, cioè nessuno di essi è un *numero complesso reale*

- *alcuni* zeri appartengono a $\mathbb{C}'$ ed *altri* a $\mathbb{C} - \mathbb{C}'$, cioè *alcuni* sono *numeri complessi reali* ed altri *no*.

Gli *zeri* del *polinomio* (2.20) appartenenti a $\mathbb{C} - \mathbb{C}'$ sono caratterizzati dal seguente *teorema*:

Teorema 2.8 *Se α è uno* zero *del polinomio (2.20)* [4] *appartenente a* $\mathbb{C} - \mathbb{C}'$ *allora anche $\overline{\alpha}$ (numero complesso coniugato di α) è uno* zero *di esso.*

---

[4] Il polinomio (2.20) ha i coefficienti $a_0, a_1, \ldots, a_m$ in $\mathbb{C}'$ quindi sono *numeri complessi reali*.

Dimostrazione

Poiché α è uno *zero* del polinomio (2.20), se lo sostituiamo nel polinomio stesso al posto della variabile z, otteniamo:

$$A_m(\alpha) = a_0 \cdot \alpha^m + a_1 \cdot \alpha^{m-1} + a_2 \cdot \alpha^{m-2} + \cdots + a_{m-1} \cdot \alpha + a_m = 0. \quad (2.23)$$

Essendo α un *numero complesso*, se lo rappresentiamo nella sua *forma trigonometrica*:

$$\alpha = |\alpha| \cdot (\cos\varphi + i \cdot \sin\varphi) \quad \text{ove} \quad \varphi = \arg\alpha$$

e facciamo uso della *formula di Moivre* per il calcolo delle potenze α^m, α^{m-1}, ..., α^2 che compaiono nel primo membro della (2.23), otteniamo:

$$\begin{aligned}
A_m(\alpha) &= a_0 \cdot |\alpha|^m \cdot [\cos(m \cdot \varphi) + i \cdot \sin(m \cdot \varphi)] + \\
&+ a_1 \cdot |\alpha|^{m-1} \cdot [\cos((m-1) \cdot \varphi) + i \cdot \sin((m-1) \cdot \varphi)] + \\
&+ \cdots\cdots\cdots\cdots\cdots\cdots\cdots\cdots\cdots\cdots + \\
&+ a_{m-1} \cdot |\alpha| \cdot [\cos\varphi + i \cdot \sin\varphi] + a_m = \\
&= [a_0 \cdot |\alpha|^m \cdot \cos(m \cdot \varphi) + a_1 \cdot |\alpha|^{m-1} \cdot \cos((m-1) \cdot \varphi) + \\
&+ \cdots + a_{m-1} \cdot |\alpha| \cdot \cos\varphi + a_m] + \\
&+ i \cdot [a_0 \cdot |\alpha|^m \cdot \sin(m \cdot \varphi) + a_1 \cdot |\alpha|^{m-1} \cdot \sin((m-1) \cdot \varphi) + \\
&+ \cdots + a_{m-1} \cdot |\alpha| \cdot \sin\varphi].
\end{aligned}$$

Dall'essere poi $A_m(\alpha) = 0$ segue che sono *uguali a zero* sia la *parte reale* che il *coefficiente della parte immaginaria* di $A_m(\alpha)$ e quindi risulta:

$$a_0 \cdot |\alpha|^m \cdot \cos(m \cdot \varphi) + a_1 \cdot |\alpha|^{m-1} \cdot \cos((m-1) \cdot \varphi) + \cdots + a_{m-1} \cdot |\alpha| \cdot \cos\varphi + a_m = 0 \quad (2.24)$$

e

$$a_0 \cdot |\alpha|^m \cdot \sin(m \cdot \varphi) + a_1 \cdot |\alpha|^{m-1} \cdot \sin((m-1) \cdot \varphi) + \cdots + a_{m-1} \cdot |\alpha| \cdot \sin\varphi = 0 \quad (2.25)$$

Tenendo presente quanto abbiamo detto nel *paragrafo* 1.5, che cioè:

$$|\overline{\alpha}| = |\alpha| \quad \text{ed} \quad \arg\overline{\alpha} = -\arg\alpha = -\varphi$$

ed il fatto che
$$\cos(-\varphi) = \cos\varphi \quad \text{e} \quad \sin(-\varphi) = -\sin\varphi$$
concludiamo:

- $A_m(\overline{\alpha})$ ed $A_m(\alpha)$ hanno la stessa *parte reale* ed i *coefficienti della parte immaginaria* tra loro opposti, per cui dalle (2.24) e (2.25) segue che è $A_m(\overline{\alpha}) = 0$ e quindi $\overline{\alpha}$ è uno *zero* del polinomio $A_m(z)$.

c.v.d.

Da tale *teorema* segue immediatamente quest'altro:

Teorema 2.9 *Se α è uno zero del polinomio (2.20) di ordine di molteplicità > 1, allora anche $\overline{\alpha}$ è uno zero di esso dello stesso ordine di molteplicità.*

Il *teorema 2.9* permette di trarre le seguenti conclusioni:

1. La somma degli *ordini di molteplicità* degli *zeri* appartenenti a $\mathbb{C} - \mathbb{C}'$ di ogni polinomio di $\mathbb{C}'[z]$ è un *numero pari* e quindi ogni polinomio di *grado dispari* ha almeno uno *zero* appartenente a $\mathbb{C}'$.

2. A partire dalla *formula di decomposizione* (2.18) del *polinomio* $A_m(z)$ appartenente a $\mathbb{C}'[z]$ è possibile ricavare un'altra *formula di decomposizione* di esso, nel secondo membro della quale compaiano come *fattori* solo *polinomi* di $\mathbb{C}'[z]$.

Vediamo come!

2.8 Formula di decomposizione di un polinomio di $\mathbb{C}'[z]$ come prodotto di polinomi di $\mathbb{C}'[z]$

Se $\alpha = (\beta, \gamma) = \beta + i\gamma$ è uno *zero* di *ordine di molteplicità* $\nu \geq 1$ del polinomio $A_m(z)$ di $\mathbb{C}'[z]$ appartenente a $\mathbb{C} - \mathbb{C}'$, nel secondo membro della (2.19) compare per il *teorema 2.9*, sia il fattore $(z-\alpha)^\nu$ che il fattore $(z-\overline{\alpha})^\nu$.

Eseguendo la *moltiplicazione* tra tali *fattori* otteniamo:

$$(z-\alpha)^\nu \cdot (z-\overline{\alpha})^\nu =$$
$$= [(z-\alpha)\cdot(z-\overline{\alpha})]^\nu = [(z-\beta-i\gamma)\cdot(z-\beta+i\gamma)]^\nu =$$
$$= [((z-\beta)-i\gamma)\cdot((z-\beta)+i\gamma)]^\nu = [(z-\beta)^2+\gamma^2]^\nu =$$
$$= [z^2 - 2\beta z + \beta^2 + \gamma^2]^\nu$$

cioè un *unico fattore* avente per base un *trinomio di 2° grado* appartenente a $\mathbb{C}'[z]$ perché i suoi *coefficienti*

$$\begin{aligned} a_0 &= 1 = 1 + i\cdot 0 = (1,0) \\ a_1 &= -2\beta = -2\beta + i\cdot 0 = (-2\beta, 0) \\ a_2 &= \beta^2 + \gamma^2 = (\beta^2+\gamma^2) + i\cdot 0 = (\beta^2+\gamma^2, 0) \end{aligned}$$

appartengono a $\mathbb{C}'$.

Concludendo possiamo allora dire:

– Dato un qualunque polinomio $A_m(z)$ con $m \geq 1$ di $\mathbb{C}'[z]$ e detti α_1, $\alpha_2, \ldots, \alpha_h$ i suoi *zeri* appartenenti a $\mathbb{C}'$ e $\beta_1 \pm i\gamma_1, \beta_2 \pm i\gamma_2, \ldots, \beta_k \pm i\gamma_k$ le sue *coppie di zeri complessi coniugati* appartenenti a $\mathbb{C}-\mathbb{C}'$ di *ordine di molteplicità* rispettivamente $\nu_1, \nu_2, \ldots, \nu_h$ e $\mu_1, \mu_2, \ldots, \mu_k$, se moltiplichiamo tra loro i fattori corrispondenti a ciascuna coppia di *zeri complessi coniugati*, la formula di decomposizione (2.19) diviene:

$$\begin{aligned} A_m(z) = {}& a_0 \cdot (z-\alpha_1)^{\nu_1} \cdot (z-\alpha_2)^{\nu_2} \cdots (z-\alpha_h)^{\nu_h} \cdot \\ & \cdot [z^2 - 2\beta_1 \cdot z + \beta_1^2 + \gamma_1^2]^{\mu_1} \cdot [z^2 - 2\beta_2 \cdot z + \beta_2^2 + \gamma_2^2]^{\mu_2} \cdot \\ & \cdots [z^2 - 2\beta_k \cdot z + \beta_k^2 + \gamma_k^2]^{\mu_k} \end{aligned} \qquad (2.26)$$

ove

$$\nu_1 + \nu_2 + \cdots \nu_h + 2\mu_1 + 2\mu_2 + \cdots + 2\mu_k = m.$$

La (2.26) è la *formula di decomposizione in fattori* del polinomio (2.20) che cercavamo; in essa infatti compaiono solo *fattori* di $\mathbb{C}'[z]$.

§ 2.9 Polinomi irriducibili di $\mathbb{R}[x]$

In corrispondenza di ogni *zero* $\alpha \in \mathbb{C}'$ compare come *fattore* un *polinomio di $1°$ grado* appartenente a $\mathbb{C}'[z]$ ripetuto tante volte quanto è il suo *ordine di molteplicità* ν.

In corrispondenza invece ad ogni *coppia di zeri complessi coniugati* $\beta \pm i\gamma$, compare come *fattore* un *polinomio di $2°$ grado* appartenente anch'esso a $\mathbb{C}'[z]$ ripetuto tante volte quanto è l'*ordine di molteplicità* μ degli *zeri della coppia*.

Riprendiamo ora il problema a cui abbiamo accennato alla fine del *paragrafo* 2.5, cioè di indagare quali sono i *polinomi irriducibili* di $\mathbb{R}[x]$.

2.9   Quali sono i polinomi irriducibili di $\mathbb{R}[x]$

Vogliamo ora vedere quali sono i *polinomi irriducibili* di $\mathbb{R}[x]$ e, per quanto riguarda i *polinomi riducibili*, trovare una "formula" che li rappresenti come *prodotto* di *polinomi irriducibili*.

Dalla definizione di *polinomio irriducibile* segue che sono tali:

– tutti i *polinomi di grado zero*

– tutti i *polinomi di $1°$ grado*

Dal *teorema 2.5* segue poi che sono *irriducibili* anche i *polinomi di $2°$ grado* con il $\Delta < 0$ perché non hanno gli *zeri* in $\mathbb{R}$.

Se riusciremo a provare che ogni *polinomio riducibile* di $\mathbb{R}[x]$ può essere rappresentato come un *prodotto* tra i cui fattori compaiano solo:

– *polinomi di grado zero*

– *polinomi di $1°$ grado*

– *polinomi di $2°$ grado* con il $\Delta < 0$

concluderemo che gli unici *polinomi irriducibili* di $\mathbb{R}[x]$ sono quelli ora citati.

La formula (2.26) ci dà la soluzione del problema.

Vediamo perché!

Tanto $A_m(z)$ quanto i polinomi che compaiono come *fattori* nel secondo membro della (2.26) appartengono a $\mathbb{C}'[z]$ e pertanto a ciascuno di essi *corrisponde* un polinomio di $\mathbb{R}[x]$ secondo l'*isomorfismo* (2.21).

Poiché è:

$$\begin{aligned} a_0 &= (a'_0, 0) \\ \alpha_1 &= (\alpha'_1, 0) \\ \alpha_2 &= (\alpha'_2, 0) \\ \ldots &= \ldots \\ \alpha_h &= (\alpha'_h, 0) \end{aligned}$$

i polinomi di $\mathbb{R}[x]$ ad essi *corrispondenti* sono:

$$\begin{aligned} A_m(z) &\longleftrightarrow A'_m(x) \\ a_0 &\longleftrightarrow a'_0 \\ z - \alpha_1 &\longleftrightarrow x - \alpha'_1 \\ z - \alpha_2 &\longleftrightarrow x - \alpha'_2 \\ \ldots & \quad \ldots \\ z - \alpha_h &\longleftrightarrow x - \alpha'_h \\ z^2 - 2\beta_1 \cdot z + \beta_1^2 + \gamma_1^2 &\longleftrightarrow x^2 - 2\beta_1 \cdot x + \beta_1^2 + \gamma_1^2 \\ \ldots & \quad \ldots \\ z^2 - 2\beta_k \cdot z + \beta_k^2 + \gamma_k^2 &\longleftrightarrow x^2 - 2\beta_k \cdot x + \beta_k^2 + \gamma_k^2 \end{aligned}$$

Per il fatto poi che la *corrispondenza* (2.21) sia un *isomorfismo*, possiamo scrivere:

$$\begin{aligned} A_m(x) = &\ a'_0 \cdot (x - \alpha'_1)^{\nu_1} \cdot (x - \alpha'_2)^{\nu_2} \cdots (x - \alpha'_h)^{\nu_h} \cdot [x^2 - 2\beta_1 \cdot x + \beta_1^2 + \gamma_1^2]^{\mu_1} \cdot \\ &\cdot [x^2 - 2\beta_2 \cdot x + \beta_2^2 + \gamma_2^2]^{\mu_2} \cdots [x^2 - 2\beta_k \cdot x + \beta_k^2 + \gamma_k^2]^{\mu_k} \end{aligned} \quad (2.27)$$

Poiché ciascuno dei *polinomi di $2°$ grado* che compare nel secondo membro della (2.27) ha il $\Delta < 0$, concludiamo che gli unici *polinomi irriducibili* di $\mathbb{R}[x]$ sono quelli sopra citati e la (2.27) è la *formula di decomposizione in fattori* del generico *polinomio riducibile* di $\mathbb{R}[x]$.

Di essa ci serviremo nelle applicazioni future.

Per terminare con i polinomi, diamo i concetti di:

§ 2.10 M.C.D. di due o più polinomi di $\mathbb{R}[x]$

- *massimo comun divisore*

- *minimo comune multiplo*

di due o più polinomi *non identicamente nulli*, che supporremo appartenere a $\mathbb{R}[x]$ ed illustriamo un *metodo* per il loro calcolo.

2.10 Massimo comun divisore di due o più polinomi di $\mathbb{R}[x]$

Siano dati due o più polinomi $\varphi_1(x)$, $\varphi_2(x)$, ..., $\varphi_p(x)$ di $\mathbb{R}[x]$ nessuno dei quali *identicamente nullo*.

Essi ammettono sicuramente dei *divisori comuni* (è tale ad esempio ogni polinomio di *grado zero*) ed il *grado* di un *qualsiasi divisore comune* è *minore o uguale* del "più piccolo" dei *gradi* dei polinomi dati.

Esistono quindi dei *divisori comuni* di *grado massimo*; ognuno di essi si chiama *massimo comun divisore* dei polinomi dati e si denota con il simbolo

$$m.c.d.(\varphi_1, \varphi_2, \ldots, \varphi_p).$$

Che il *massimo comun divisore* dei polinomi $\varphi_1(x)$, $\varphi_2(x)$, ..., $\varphi_p(x)$ non sia *unico* segue dal fatto che se $\varphi(x)$ è un *massimo comun divisore* di essi, ogni altro polinomio ottenuto da $\varphi(x)$ moltiplicandolo per una costante $c \neq 0$ è ancora un *divisore comune* di $\varphi_1(x)$, $\varphi_2(x)$, ..., $\varphi_p(x)$ ed avendo lo stesso *grado* di $\varphi(x)$ è un *massimo comun divisore* di essi.

I *massimi comun divisori* di $\varphi_1(x)$, $\varphi_2(x)$, ..., $\varphi_p(x)$ sono dunque infiniti e con il simbolo $m.c.d.(\varphi_1, \varphi_2, \ldots, \varphi_p)$ si denota uno qualunque di essi.

Se vogliamo continuare a parlare del *massimo comun divisore* di $\varphi_1(x)$, $\varphi_2(x)$, ..., $\varphi_p(x)$, come facevamo nelle Scuole Superiori, occorre fare una *convenzione* in base alla quale *selezionare un massimo comun divisore*, tra gli *infiniti* $m.c.d.(\varphi_1, \varphi_2, \ldots, \varphi_p)$, che chiamiamo appunto il *massimo comun divisore* di $\varphi_1(x)$, $\varphi_2(x)$, ..., $\varphi_p(x)$ e denotiamo con il simbolo $M.C.D.(\varphi_1, \varphi_2, \ldots, \varphi_p)$.

La *convenzione* è questa:

- il M.C.D.$(\varphi_1, \varphi_2, \ldots, \varphi_p)$ è quello tra gli infiniti m.c.d.$(\varphi_1, \varphi_2, \ldots, \varphi_p)$ che ha il *coefficiente direttivo* uguale a 1. [5]

Per fissare bene la *convenzione* fatta diamo un esempio.

Esempio 2.1 *Siano* $\varphi_1(x) = x^4 - 3 \cdot x^2 + 2$ *e* $\varphi_2(x) = x^3 + 3 \cdot x^2 - x - 3$ *due polinomi assegnati.*
Ciascuno dei seguenti polinomi

$$x^2 - 1 \quad , \quad 2 \cdot x^2 - 2 \quad , \quad \frac{1}{2} \cdot x^2 - \frac{1}{2} \quad , \quad \sqrt{2} \cdot x^2 - \sqrt{2}$$

è un m.c.d.(φ_1, φ_2); il M.C.D.(φ_1, φ_2) è il primo di essi perché appunto è quello che verifica la convenzione fatta cioè ha il coefficiente direttivo uguale a 1.

Diamo ora una definizione basata su quella di m.c.d.$(\varphi_1, \varphi_2, \ldots, \varphi_p)$ di due o più polinomi $\varphi_1(x)$, $\varphi_2(x)$, ..., $\varphi_p(x)$.

> *Definizione di polinomi primi tra loro*
> **Dati due o più polinomi** $\varphi_1(x)$, $\varphi_2(x)$, ..., $\varphi_p(x)$ **nessuno dei quali *identicamente nullo*, si dice che essi sono *polinomi primi tra loro* se i m.c.d.$(\varphi_1, \varphi_2, \ldots, \varphi_p)$ sono *polinomi di grado zero*.**

Da tale *definizione* segue che:

- Dati due o più polinomi $\varphi_1(x)$, $\varphi_2(x)$, ..., $\varphi_p(x)$ se *non sono primi tra loro* sicuramente lo sono i polinomi $\psi_1(x), \psi_2(x), \ldots \psi_p(x)$ ottenuti dividendo ciascuno dei polinomi assegnati per un m.c.d.$(\varphi_1, \varphi_2, \ldots, \varphi_p)$.

---

[5]Per scegliere quale degli infiniti m.c.d.$(\varphi_1, \varphi_2, \ldots, \varphi_p)$ sia da riguardare come il M.C.D.$(\varphi_1, \varphi_2, \ldots, \varphi_p)$ abbiamo fatto una *convenzione*; questo modo di procedere non è nuovo per noi; anche nel libro "Funzioni reali di una variabile reale", paragrafo 3.7, abbiamo fatto una convenzione per stabilire quale delle *infinite misure* di un *angolo orientato* (s,t) fosse da chiamare la *misura principale* di esso.

§ 2.11 Algoritmo di Euclide

A questo punto dati due o più polinomi $\varphi_1(x)$, $\varphi_2(x)$, ..., $\varphi_p(x)$ nessuno dei quali *identicamente nullo*, si pone il problema di come *calcolare* i $m.c.d.(\varphi_1, \varphi_2, \ldots, \varphi_p)$.

Pescando nei ricordi della Scuola Superiore viene da dire che basta scrivere la *formula di decomposizione* (2.27) per ciascuno dei *p polinomi assegnati*; dopo di che un $m.c.d.(\varphi_1, \varphi_2, \ldots, \varphi_p)$ si ottiene moltiplicando tra loro i *fattori comuni* a tutte le *formule di decomposizione*, presi con il *minimo esponente* con cui compaiono in esse.

Tale "procedimento", sebbene facile da comprendere, è meno facile da utilizzare perché per scrivere le *p formule di decomposizione* (2.27) occorre *risolvere* le *p equazioni algebriche*

$$\varphi_1(x) = 0 \quad , \quad \varphi_2(x) = 0 \quad , \quad \ldots \quad , \quad \varphi_p(x) = 0$$

e questo può presentare delle difficoltà insormontabili.

Per fortuna abbiamo un altro "procedimento" dovuto ad Euclide noto come *algoritmo di Euclide* che passiamo ad illustrare su di un esempio.

2.11 L'algoritmo di Euclide

Dati due polinomi:

$$\varphi_1(x) = \frac{1}{2} \cdot x^5 + x^3 + \frac{1}{2} \cdot x \quad \text{e} \quad \varphi_2(x) = x^4 - 1 \quad ;$$

vogliamo trovare un $m.c.d.(\varphi_1, \varphi_2)$ utilizzando l'*algoritmo di Euclide*.

L'*algoritmo di Euclide* è anche detto *metodo delle divisioni successive* perché, come vedremo, consiste nel fare un certo numero di *divisioni* fino ad arrivare ad una *divisione* con *resto identicamente nullo*.

Esso è costituito dai seguenti *passi*:

primo passo si *divide* $\varphi_1(x)$ per $\varphi_2(x)$:

$$\frac{1}{2} \cdot x^5 + x^3 + \frac{1}{2} \cdot x = (x^4 - 1) \cdot \left(\frac{1}{2} \cdot x\right) + (x^3 + x)$$

secondo passo si *divide* il *divisore anteriore* cioè $\varphi_2(x) = x^4 - 1$ per il *resto anteriore*, cioè per $(x^3 + x)$:

$$x^4 + 1 = (x^3 + x) \cdot x + (-x^2 - 1)$$

terzo passo si ripete il passo precedente quindi si divide il *divisore anteriore* cioè $(x^3 + x)$ per il *resto anteriore* cioè $(-x^2 - 1)$:

$$x^3 + x = (-x^2 - 1) \cdot (-x) + 0$$

Qui il "procedimento" termina perché abbiamo incontrato un *resto identicamente nullo*.

Il "procedimento" assicura che l'ultimo *resto non identicamente nullo* cioè $(-x^2 - 1)$ è un $m.c.d.(\varphi_1, \varphi_2)$.

Non possiamo, per ragioni di spazio, dimostrare perché tale "procedimento" ci porta a trovare un $m.c.d.(\varphi_1, \varphi_2)$ tuttavia ci auguriamo di aver reso l'idea di come esso si utilizzi.

Il "procedimento" si estende al caso di un numero qualunque p di polinomi $\varphi_1(x), \varphi_2(x), \ldots, \varphi_p(x)$.

Per trovare un $m.c.d.(\varphi_1, \varphi_2, \ldots, \varphi_p)$ si calcolano successivamente

$$
\begin{aligned}
m.c.d.(\varphi_1, \varphi_2) &= \psi_1(x) \\
m.c.d.(\psi_1, \varphi_3) &= \psi_2(x) \\
m.c.d.(\psi_2, \varphi_4) &= \psi_3(x) \\
&\cdots \\
m.c.d.(\psi_{p-2}, \varphi_p) &= \psi_{p-1}(x)
\end{aligned}
$$

Il polinomio $\psi_{p-1}(x)$ è un $m.c.d.(\varphi_1, \varphi_2, \ldots, \varphi_p)$.

Occupiamoci infine del *minimo comune multiplo* di due o più polinomi.

2.12 Minimo comune multiplo di due o più polinomi

Siano dati due o più polinomi $\varphi_1(x)$, $\varphi_2(x)$, ..., $\varphi_p(x)$, nessuno dei quali *identicamente nullo*.

Essi ammettono sicuramente dei *multipli comuni* (è tale ad esempio il *polinomio prodotto* dei polinomi dati) ed il *grado* di un *qualsiasi multiplo comune* è *maggiore o uguale* del "più grande" dei *gradi* dei polinomi dati.

Esistono quindi dei *multipli comuni* di *grado minimo*; ognuno di essi si chiama *minimo comune multiplo* dei polinomi dati e si denota con il simbolo

$$m.c.m.(\varphi_1, \varphi_2, \ldots, \varphi_p).$$

Che il *minimo comune multiplo* dei polinomi non sia *unico* segue dal fatto che se $\mu(x)$ è un *minimo comune multiplo* di essi, ogni altro polinomio ottenuto da $\mu(x)$ moltiplicandolo per una costante $c \neq 0$ è ancora un *multiplo comune* di $\varphi_1(x)$, $\varphi_2(x)$, ..., $\varphi_p(x)$ ed avendo lo stesso grado di $\mu(x)$ è un *minimo comune multiplo* di essi.

I *minimi comuni multipli* di $\varphi_1(x)$, $\varphi_2(x)$, ..., $\varphi_p(x)$ sono dunque infiniti e con il simbolo $m.c.m.(\varphi_1, \varphi_2, \ldots, \varphi_p)$ si denota uno qualunque di essi.

Anche qui, se vogliamo continuare a parlare del *minimo comune multiplo* di $\varphi_1(x)$, $\varphi_2(x)$, ..., $\varphi_p(x)$, come facevamo nelle Scuole Superiori, occorre fare una *convenzione* in base alla quale *selezionare un minimo comune multiplo* che chiamiamo *il minimo comune multiplo* di $\varphi_1(x), \varphi_2(x), \ldots, \varphi_p(x)$ e denotiamo con il simbolo $M.C.M.(\varphi_1, \varphi_2, \ldots, \varphi_p)$. La *convenzione* è la stessa fatta per *selezionare* il $M.C.D.(\varphi_1, \varphi_2, \ldots, \varphi_p)$; degli infiniti $m.c.m.(\varphi_1, \varphi_2, \ldots, \varphi_p)$ quindi il $M.C.M.(\varphi_1, \varphi_2, \ldots, \varphi_p)$ è quello che ha il *coefficiente direttivo* uguale a 1.

Per quanto riguarda il calcolo di un *minimo comune multiplo* di due o più polinomi assegnati $\varphi_1(x)$, $\varphi_2(x)$, ..., $\varphi_p(x)$, basta scrivere la *formula di decomposizione* (2.27) per ciascuno dei p polinomi assegnati, dopo di che un $m.c.m.(\varphi_1, \varphi_2, \ldots, \varphi_p)$ si ottiene *moltiplicando* tra loro i *fattori non comuni* ed i *fattori comuni* a tutte le p *formule di decomposizione*, prendendo questi ultimi con l'*esponente massimo* con cui compaiono in esse.

Come abbiamo già detto a proposito del "procedimento" analogo per il calcolo di un $m.c.d.(\varphi_1, \varphi_2, \ldots, \varphi_p)$ tale "procedimento" in generale non è operativo per cui si pone il problema di mettere a punto un altro "procedimento" che non richieda la *decomposizione in fattori* dei p polinomi assegnati.

Il seguente teorema, di cui non diamo la dimostrazione, ci dice in che cosa consiste il "procedimento" che stiamo cercando quando i polinomi assegnati sono due.

Teorema 2.10 *Dati due polinomi $\varphi_1(x)$ e $\varphi_2(x)$ non identicamente nulli, il polinomio $\mu(x)$ dato dalla "formula":*

$$\mu(x) = \frac{\varphi_1(x) \cdot \varphi_2(x)}{m.c.d.(\varphi_1, \varphi_2)}$$

è un $m.c.m.(\varphi_1, \varphi_2)$.

Se i polinomi assegnati sono $\varphi_1(x)$, $\varphi_2(x)$, ..., $\varphi_p(x)$ con $p > 2$, per trovare un $m.c.m.(\varphi_1, \varphi_2, \ldots, \varphi_p)$, si calcolano successivamente:

$$\begin{aligned} m.c.m.(\varphi_1, \varphi_2) &= \mu_1(x) \\ m.c.m.(\mu_1, \varphi_3) &= \mu_2(x) \\ m.c.m.(\mu_2, \varphi_4) &= \mu_3(x) \\ &\ldots \\ m.c.m.(\mu_{p-2}, \varphi_p) &= \mu_{p-1}(x) \end{aligned}$$

Il polinomio $\mu_{p-1}(x)$ è un $m.c.m.(\varphi_1, \varphi_2, \ldots, \varphi_p)$.

Ora che abbiamo detto tutto sui *polinomi* torniamo un momento a parlare delle *funzioni polinomiali* introdotte nel libro "Funzioni reali di una variabile reale", paragrafo 2.15, per segnalarne una *proprietà* riguardante i loro *zeri*.

2.13 Le funzioni polinomiali e i loro zeri

Nel libro "Funzioni reali di una variabile reale", paragrafo 2.15, abbiamo detto che:
- si chiama *funzione polinomiale di grado n* ogni funzione reale di una variabile reale la cui *legge d'associazione f* si possa rappresentare per mezzo di un *polinomio di grado n* di $\mathbb{R}[x]$; in simboli

$$f: y = f(x) = a_0 \cdot x^n + a_1 \cdot x^{n-1} + \cdots a_{n-1} \cdot x + a_n \quad , \text{con } a_0 \neq 0$$
$$x \in A = (-\infty, +\infty) \quad (2.28)$$

Gli *zeri* di una *funzione polinomiale* sono gli *zeri* del *polinomio* che ne rappresenta la *legge d'associazione f*.

Poiché le *funzioni polinomiali di grado* $n \geq 1$ sono *derivabili* e le loro *funzioni derivate* sono *funzioni polinomiali di grado* $n-1$, vogliamo qui esaminare se c'è qualche relazione tra gli *zeri* di una *funzione polinomiale* f e quelli della sua *funzione derivata* f'.

Sussiste al riguardo il *teorema*:

Teorema 2.11 *Data una* funzione polinomiale f *di grado* $n \geq 1$, *se* a *è uno* zero *di essa di* ordine di molteplicità $\nu = 1$, *allora* a *non è uno zero della sua* funzione derivata f'.

Se invece a *è uno* zero *di essa di* ordine di molteplicità $\nu \geq 2$, *allora* a *è uno zero di* ordine di molteplicità $\nu - 1$ *della sua* funzione derivata f'.

Dimostrazione
Se a è uno *zero* di *ordine di molteplicità* ν per la funzione f allora possiamo scrivere:

$$f(x) = (x-a)^\nu \cdot g(x) \quad \text{con } g(a) \neq 0$$

ove $g(x)$ è un *polinomio di grado* $n - \nu$ non divisibile per $x - a$.
Derivando la funzione f si ottiene:

$$\begin{aligned} f'(x) &= \nu \cdot (x-a)^{\nu-1} \cdot g(x) + (x-a)^\nu \cdot g'(x) = \\ &= (x-a)^{\nu-1} \cdot [\nu \cdot g(x) + (x-a) \cdot g'(x)]. \end{aligned}$$

Se sostituiamo la variabile x con a, il secondo fattore, che compare nel secondo membro della "formula" scritta, vale $\nu \cdot g(a)$ ed è $\neq 0$ essendo $g(a) \neq 0$.

Possiamo allora concludere:
se è $\nu = 1$ allora risulta $f'(a) \neq 0$
se è $\nu \geq 2$ allora a é uno *zero* di ordine di molteplicità $\nu - 1$
c.v.d.

Tale *teorema* ed il concetto di *massimo comun divisore* tra due *polinomi* ci facilitano nel calcolo degli *zeri* di una *funzione polinomiale* f.

Vediamo perché!

Calcoliamo il $M.C.D.(f, f')$; se il suo *grado* è *maggiore di zero*, la *funzione polinomiale*

$$F = \frac{f}{M.C.D.(f, f')}$$

ha gli *stessi zeri* della *funzione polinomiale* f però tutti di *ordine di molteplicità* $\nu = 1$.

Siccome *maggiore* è il *grado* di un *polinomio* e più grande è la difficoltà di calcolarne gli *zeri*, per calcolare quelli della *funzione polinomiale* f basta calcolare gli *zeri* della *funzione polinomiale* F (la cui legge d'associazione è rappresentata da un *polinomio* di *grado inferiore*) e poi studiare l'*ordine di molteplicità* di ciascuno di essi.

Se α è uno *zero* di F, l'*ordine di molteplicità* di α come *zero* di f, si determina così:

- si calcola $f'(\alpha)$; se risulta $f'(\alpha) \neq 0$ allora il suo *ordine di molteplicità* è $\nu = 1$; se risulta invece $f'(\alpha) = 0$ e $f''(\alpha) \neq 0$ allora il suo *ordine di molteplicità* è $\nu = 2$ e così via.

Ora abbiamo tutti gli "strumenti" per affrontare il problema del *calcolo degli zeri* di un *polinomio*.

Poiché, come abbiamo detto nel *paragrafo* 2.4, tale problema consiste nel risolvere l'*equazione algebrica* che si ottiene ponendo il *polinomio* uguale a *zero*, occupiamoci allora della risoluzione delle *equazioni algebriche*.

2.14 Risoluzione delle equazioni algebriche

Supponiamo di avere un'*equazione algebrica* di *grado* $n \geq 1$ e *coefficienti* $a_0, a_1, a_2, \ldots, a_n$ appartenenti a $\mathbb{C}$ (in particolare a $\mathbb{C}'$):

$$a_0 z^n + a_1 z^{n-1} + a_2 z^{n-2} + \cdots + a_{n-1} z + a_0 = 0 \quad , \text{con } a_0 \neq 0 \quad (2.29)$$

Se i coefficienti appartengono a $\mathbb{C}'$, siccome la *rappresentazione algebrica* di un *numero complesso* di $\mathbb{C}'$ è la stessa del *numero* di $\mathbb{R}$ ad esso corrispondente nell'*isomorfismo* (1.12), diremo che l'*equazione* è a *coefficienti reali*. In particolare se i *coefficienti* appartengono a $\mathbb{C}'$ ed i *numeri* di $\mathbb{R}$ ad essi corrispondenti nell'*isomorfismo* (1.12) appartengono a $\mathbb{Q}$, diremo che l'*equazione* è a *coefficienti razionali*. In ogni caso della (2.29) cercheremo le *soluzioni* in $\mathbb{C}$. Se queste ultime appartengono a $\mathbb{C}'$ verranno chiamate *soluzioni reali* ed in particolare: *soluzioni razionali*.

Ora che abbiamo fissato la terminologia, affrontiamo il problema della loro ricerca!

Per le *equazioni algebriche* di 1° e 2° grado, conosciamo la *formula risolutiva*.

Diciamo, a titolo di notizia, che sono state costruite le *formule risolutive* anche per le *equazioni algebriche* di 3° e 4° grado, ma di queste ultime non faremo uso perchè poco maneggevoli.

Nei secondi membri delle *formule risolutive* citate, compaiono i *coefficienti* delle *equazioni* legati tra loro dalle *quattro operazioni elementari* e dall'*operazione* di *estrazione di radice*.

I matematici Ruffini ed Abel hanno dimostrato che se il *grado* dell'*equazione algebrica* è $n \geq 5$, non si può in generale esprimere le *soluzioni* dell'equazione per mezzo dei *coefficienti* operando su di essi con le sole *operazioni* sopra citate.

Ciò non esclude tuttavia che vi siano *equazioni algebriche* di *grado* $n \geq 5$ per le quali ciò sia possibile.

Sono tali ad esempio:

– le equazioni binomie

- le equazioni trinomie [6]

- le *equazioni reciproche* di *prima* e *seconda specie*.

Per altre *equazioni* infine:

- le *equazioni algebriche* a *coefficienti razionali*, se hanno *soluzioni razionali*, queste ultime appartengono a un *insieme finito* che si determina facilmente. Come vedremo nel *paragrafo* 2.17, questa informazione ci dà una mano nella *risoluzione* di tali *equazioni*.

Data l'importanza pratica delle equazioni citate, trattiamole in tre paragrafi distinti.

2.15 Risoluzione delle equazioni algebriche binomie e trinomie

- Si chiama *equazione binomia* di *grado n* ogni *equazione algebrica* del tipo:
$$az^n + b = 0 \qquad \text{con } a \neq 0 \qquad (2.30)$$

La ricerca delle sue *n soluzioni* in $\mathbb{C}$ si fa così:

a) si scrive la (2.30) in questo modo:
$$z^n = -\frac{b}{a}$$

b) si calcolano le *n radici n−esime* di $-\frac{b}{a}$ con la *formula* (1.35); queste ultime sono le *n soluzioni* della (2.30) in $\mathbb{C}$.

- Si chiama *equazione trinomia* di *grado 2n* ogni *equazione algebrica* del tipo:
$$az^{2n} + bz^n + c = 0 \qquad \text{con } a \neq 0 \qquad (2.31)$$

La ricerca delle sue *2n soluzioni* in $\mathbb{C}$ si fa così:

---
[6]Per $n = 2$ le *equazioni trinomie* diventano *equazioni biquadratiche*: $az^4 + bz^2 + c = 0$; queste ultime sono quindi particolari *equazioni trinomie*.

a) utilizzando una *proprietà delle potenze*, si scrive la (2.31) in questo modo:
$$a \cdot (z^n)^2 + b \cdot (z^n) + c = 0 \qquad (2.32)$$

b) si riguarda la (2.32) come un'*equazione algebrica di $2°$ grado* nell'incognita:
$$t = z^n \quad .$$
Si ha allora
$$at^2 + bt + c = 0 \qquad (2.33)$$
e si risolve quest'ultima.

c) Dette t_1 e t_2 le due *soluzioni* della (2.33) in $\mathbb{C}$, le $2n$ *soluzioni* della (2.31) in $\mathbb{C}$ si ottengono calcolando le *radici $n-$esime* di t_1 e t_2 con la formula (1.35).

Occupiamoci ora delle *equazioni reciproche*, limitandoci a risolvere quelle di *grado* $n \leq 5$.

2.16 Risoluzione delle equazioni reciproche di grado $n \leq 5$

Si dice che un'*equazione algebrica* di *grado n*
$$a_0 z^n + a_1 z^{n-1} + a_2 z^{n-2} + \cdots + a_{n-1} z + a_0 = 0 \text{ , con } a_0 \neq 0$$
è:

– un'*equazione reciproca* di *prima specie* se i suoi *coefficienti* sono legati dalla *relazione*
$$a_k = a_{n-k} \qquad \text{con } k = 0, 1, 2, \ldots, n \qquad (2.34)$$

– un'*equazione reciproca* di *seconda specie* se i suoi *coefficienti* sono legati da quest'altra *relazione*
$$a_k = -a_{n-k} \qquad \text{con } k = 0, 1, 2, \ldots, n \qquad (2.35)$$

Chiariamo le *definizioni* date con degli esempi:

$$a_0 z^5 + a_1 z^4 + a_2 z^3 + a_2 z^2 + a_1 z + a_0 = 0$$
$$a_0 z^4 + a_1 z^3 + a_2 z^2 + a_1 z + a_0 = 0$$
$$a_0 z^5 - a_1 z^4 + a_2 z^3 - a_2 z^2 + a_1 z - a_0 = 0$$
$$a_0 z^4 - a_1 z^3 + a_1 z - a_0 = 0$$

Le prime due *equazioni* sono *reciproche di prima specie*, le ultime due, di *seconda specie*.

Dalla (2.35) segue che se un'*equazione reciproca di seconda specie* è di *grado pari*, allora il *coefficiente* $a_{\frac{n}{2}}$ è *nullo*, dovendo essere $a_{\frac{n}{2}} = -a_{n-\frac{n}{2}}$ cioè $a_{\frac{n}{2}} = -a_{\frac{n}{2}}$.

Per quanto riguarda le *soluzioni* delle *equazioni reciproche*, osserviamo che:

1. nessuna *equazione reciproca* ammette come *soluzione* $\alpha = 0$ perché il *termine noto* è $a_0 \neq 0$

2. se un'*equazione reciproca* ha come *soluzione* α, allora ha anche come *soluzione* $\frac{1}{\alpha}$.

Constatiamo questo fatto su una *equazione reciproca di prima specie* di *grado* $n = 5$.

Supponiamo che α sia *soluzione* dell'*equazione*

$$a_0 z^5 + a_1 z^4 + a_2 z^3 + a_2 z^2 + a_1 z + a_0 = 0. \qquad (2.36)$$

Si ha allora:

$$a_0 \alpha^5 + a_1 \alpha^4 + a_2 \alpha^3 + a_2 \alpha^2 + a_1 \alpha + a_0 = 0$$

Dividendo per α^5 ambo i membri dell'uguaglianza scritta, si ottiene:

$$a_0 + a_1 \cdot \frac{1}{\alpha} + a_2 \cdot \frac{1}{\alpha^2} + a_2 \cdot \frac{1}{\alpha^3} + a_1 \cdot \frac{1}{\alpha^4} + a_0 \cdot \frac{1}{\alpha^5} = 0 \quad .$$

§ 2.16 Risoluzione delle equazioni reciproche di grado $n \leq 5$

Per una *proprietà delle potenze* tale uguaglianza può essere scritta così:

$$a_0 + a_1 \cdot \left(\frac{1}{\alpha}\right) + a_2 \cdot \left(\frac{1}{\alpha}\right)^2 + a_2 \cdot \left(\frac{1}{\alpha}\right)^3 + a_1 \cdot \left(\frac{1}{\alpha}\right)^4 + a_0 \cdot \left(\frac{1}{\alpha}\right)^5 = 0$$

e ciò prova che il numero $\frac{1}{\alpha}$ è soluzione della (2.36).

Dall'*osservazione 2.* segue che:

- le *soluzioni* di un'*equazione reciproca* si presentano a *coppie di numeri reciproci*: α e $\frac{1}{\alpha}$. Se l'*equazione* è di *grado dispari*, una delle *soluzioni* deve essere un *numero* che è *uguale* al *suo reciproco* e pertanto deve valere +1 oppure -1.

Teniamo conto di ciò nella risoluzione delle *equazioni reciproche*!

Cominciamo con il risolvere un'*equazione reciproca di prima specie* di *grado* $n = 5$, cioè la (2.36).

È immediato constatare che $\alpha = -1$ è *soluzione* di essa e pertanto, per il *teorema di Ruffini* (*teorema 2.4*), il *polinomio* che ne costituisce il primo membro può essere scritto così:;

$$(z+1) \cdot Q_4(z) = 0 \quad .$$

Utilizzando la *regola di Ruffini*, possiamo determinare il *polinomio* $Q_4(z)$.

Si ha:

$$Q_4(z) = a_0 z^4 + (a_1 - a_0)z^3 + (a_2 - a_1 + a_0)z^2 + (a_1 - a_0)z + a_0 \qquad (2.37)$$

Risolvendo l'*equazione*:

$$Q_4(z) = 0 \quad , \qquad (2.38a)$$

troveremo in $\mathbb{C}$ le altre *quattro soluzioni* dell'*equazione* (2.36) di cui il *teorema di D'Alembert* (*teorema 2.7*) assicura l'esistenza.

Tenendo conto della (2.37), l'*equazione* (2.38a) diviene:

$$a_0 z^4 + (a_1 - a_0)z^3 + (a_2 - a_1 + a_0)z^2 + (a_1 - a_0)z + a_0 = 0 \qquad (2.38b)$$

La (2.38b) è un'*equazione reciproca di prima specie* di *grado* $n = 4$ la quale, ponendo:

$$a_0 = b_0 \; , \; a_1 - a_0 = b_1 \; , \; a_2 - a_1 + a_0 = b_2 \; ,$$

può essere scritta più semplicemente così:

$$b_0 z^4 + b_1 z^3 + b_2 z^2 + b_1 + b_0 = 0 \qquad (2.38c)$$

Per risolvere la (2.38c) non vogliamo usare la *formula risolutiva* delle *equazioni algebriche* di *grado* $n = 4$ di cui nel *paragrafo* abbiamo citato l'esistenza, perché è "scomoda", ma ragioniamo così:

- Dividiamo ambo i membri della (2.38c) per z^2, ottenendo in tal modo l'*equazione equivalente*:

$$b_0 z^2 + b_1 z + b_2 + b_1 \cdot \frac{1}{z} + b_0 \cdot \frac{1}{z^2} = 0$$

che possiamo scrivere in questo modo

$$b_0 \left(z^2 + \frac{1}{z^2} \right) + b_1 \left(z + \frac{1}{z} \right) + b_2 = 0 \qquad (2.38d)$$

Se assumiamo come *incognita*:

$$t = z + \frac{1}{z} \qquad (2.39)$$

possiamo trasformare l'*equazione* (2.38d) da un'*equazione* nell'*incognita* z in un'*equazione* nell'*incognita* t in questo modo:

- facendo il quadrato di ambo i membri della (2.39), si ha:

$$t^2 = \left(z + \frac{1}{z} \right)^2 \Leftrightarrow t^2 = z^2 + \frac{1}{z^2} + 2 \cdot z \cdot \frac{1}{z} \Leftrightarrow t^2 = z^2 + \frac{1}{z^2} + 2$$

da cui segue:

$$z^2 + \frac{1}{z^2} = t^2 - 2 \qquad (2.40)$$

§ 2.16 Risoluzione delle equazioni reciproche di grado $n \leq 5$

Sostituendo le (2.39) e (2.40) nella (2.38d), quest'ultima diviene:
$$b_0 \cdot (t^2 - 2) + b_1 \cdot t + b_2 = 0$$
da cui
$$b_0 \cdot t^2 + b_1 \cdot t + (b_2 - 2b_0) = 0 \tag{2.41}$$

L'*equazione* (2.41) è un'*equazione algebrica* di 2° *grado* nella *variabile* t e pertanto ha *due soluzioni* t_1 e t_2 in $\mathbb{C}$.

Le *quattro soluzioni* in $\mathbb{C}$ della (2.38c) si trovano risolvendo le due *equazioni*:
$$z + \frac{1}{z} = t_1 \qquad \text{e} \qquad z + \frac{1}{z} = t_2 \tag{2.42a}$$
le quali, moltiplicandone ambo i membri per z, diventano
$$z^2 - t_1 z + 1 = 0 \qquad \text{e} \qquad z^2 - t_2 z + 1 = 0 \tag{2.42b}$$

Concludendo:

– le *cinque soluzioni* dell'*equazione* (2.36) in $\mathbb{C}$ sono:

$\alpha = -1$ e le *quattro soluzioni* delle *equazioni* (2.42b).

Per quanto riguarda le *equazioni reciproche di seconda specie* cioè con i *coefficienti* che verificano la (2.35), osserviamo che:

1. Qualunque sia il loro *grado* n, hanno come *soluzione* $\alpha = 1$ e pertanto il *polinomio* che ne costituisce il primo membro, per il *teorema di Ruffini* (*teorema* 2.4), è divisibile per $(z-1)$ e quindi può essere scritto così:
$$(z-1) \cdot Q_{n-1}(z) = 0$$
ed il *polinomio* $Q_{n-1}(z)$ può essere determinato utilizzando la *regola di Ruffini*.

2. L'*equazione*
$$Q_{n-1}(z) = 0 \tag{2.43}$$
è un'*equazione reciproca di prima specie*.

Constatiamo questo fatto su un'*equazione reciproca di seconda specie di grado* $n = 5$:

$$a_0 z^5 - a_1 z^4 + a_2 z^3 - a_2 z^2 + a_1 z - a_0 = 0 \qquad (2.44)$$

In questo caso la (2.44) diviene:

$$Q_4(z) = 0 \quad ; \qquad (2.45)$$

si ha:

$$Q_4(z) = a_0 z^4 + (a_0 - a_1)z^3 + (a_2 - a_1 + a_0)z^2 + (a_0 - a_1)z + a_0 = 0$$

e pertanto per l'*equazione* (2.45) possiamo ripetere ciò che abbiamo detto per l'*equazione* (2.38a) quindi anche in questo caso il problema della ricerca delle *soluzioni* è risolto.

Per terminare con il programma che ci siamo proposti, resta da trattare la ricerca delle *soluzioni razionali* delle *equazioni algebriche* a *coefficienti razionali*.

Trattiamo allora quest'ultima questione!

2.17 Risoluzione delle equazioni algebriche a coefficienti razionali

Poiché due *equazioni equivalenti* hanno le *stesse soluzioni*, invece di ricercare le *soluzioni razionali* di un'*equazione algebrica* di *grado* $n \geq 1$ a *coefficienti razionali*, ricerchiamo le *soluzioni razionali* dell'*equazione algebrica* a *coefficienti interi*, che da essa si ottiene moltiplicandone ambo i membri per il M.C.M. dei *denominatori* dei *coefficienti*:

$$a_0 z^n + a_1 z^{n-1} + a_2 z^{n-2} + \cdots + a_{n-1} z + a_n = 0 \text{ , con } a_0 \neq 0 \qquad (2.46)$$

Supporremo inoltre che sia $a_n \neq 0$, perché, nel caso contrario: $a_n = 0$, la (2.46) può essere scritta così:

$$z \cdot \left(a_0 z^{n-1} + a_1 z^{n-2} + a_2 z^{n-3} + \cdots + a_{n-1}\right) = 0$$

§ 2.17 Risoluzione delle equazioni algebriche a coefficienti razionali

e l'*insieme delle sue soluzioni* sarebbe costituito da $\alpha = 0$ e dalle *soluzioni* dell'*equazione*

$$a_0 z^{n-1} + a_1 z^{n-2} + a_2 z^{n-3} + \cdots + a_{n-1} = 0$$

che è a *coefficienti interi*.

Ciò premesso, enunciamo il *teorema* che ci dice in quale *insieme numerico* cercare le *soluzioni razionali* dell'*equazione algebrica* (2.46).

Teorema 2.12 *Data l'equazione (2.46) a coefficienti interi, se $\alpha = \frac{p}{q}$ (con p e q primi tra loro) è soluzione di essa, allora, necessariamente p è un divisore di a_n e q di a_0.*

Dimostrazione
Se $\alpha = \frac{p}{q}$ è una *soluzione* della (2.46), si ha:

$$a_0 \left(\frac{p}{q}\right)^n + a_1 \left(\frac{p}{q}\right)^{n-1} + \cdots + a_{n-1}\left(\frac{p}{q}\right) + a_n = 0 \qquad (2.47a)$$

Per una *proprietà delle potenze*, l'uguaglianza (2.47a) può essere scritta così:

$$a_0 \frac{p^n}{q^n} + a_1 \frac{p^{n-1}}{q^{n-1}} + a_2 \frac{p^{n-2}}{q^{n-2}} + \cdots + a_{n-1}\frac{p}{q} + a_n = 0 \qquad (2.47b)$$

da cui, moltiplicando ambo i membri per q^n, si ha

$$a_0 p^n + a_1 p^{n-1} q + a_2 p^{n-2} q^2 + \cdots + a_{n-1} p q^{n-1} + a_n q^n = 0.$$

Da quest'ultima seguono le due uguaglianze:

$$a_0 p^n = -\left(a_1 p^{n-1} + a_2 p^{n-2} q + \cdots + a_{n-1} p q^{n-2} + a_n q^{n-1}\right) \cdot q \qquad (2.48)$$

e

$$a_n q^n = -\left(a_0 p^{n-1} + a_1 p^{n-2} q + \cdots + a_{n-1} q^{n-1}\right) \cdot p \qquad (2.49)$$

Dalla (2.48) deduciamo che q è un *divisore* di $a_0 \cdot p^n$; non potendo q dividere p^n, perché, essendo *primo* con p, lo è anche di p^n, divide a_0.

Dalla (2.49), facendo considerazioni analoghe, si deduce che p divide a_n e pertanto il teorema è dimostrato.

c.v.d.

Per fissare le idee, facciamo un esempio!

Esempio 2.2 *Sia data l'equazione*

$$6z^4 + 10z^3 + \frac{5}{2}z^2 - \frac{5}{2} - 1 = 0$$

e di essa vogliamo ricercare le soluzioni razionali.
Costruiamo l'equazione equivalente a coefficienti interi:

$$12z^4 + 20z^3 + 5z^2 - 5z - 2 = 0$$

Nel nostro caso è: $a_0 = 12$ *ed* $a_n = -2$.
Gli insiemi di divisori di a_n *ed* a_0 *sono rispettivamente:*

$$\{\pm 1, \pm 2\} \quad e \quad \{\pm 1, \pm 2, \pm 3, \pm 4, \pm 6, \pm 12\}.$$

Se l'equazione ha soluzioni razionali, quest'ultime appartengono all'insieme:

$$\left\{\pm 1, \pm \frac{1}{2}, \pm \frac{1}{3}, \pm \frac{1}{4}, \pm \frac{1}{6}, \pm \frac{1}{12}, \pm 2, \pm \frac{2}{3}\right\}$$

Sostituendo uno alla volta i numeri di tale insieme nell'equazione, constatiamo che:

$$-1, \frac{1}{2}, -\frac{1}{2}, -\frac{2}{3}$$

ne annullano il primo membro, quindi sono soluzioni razionali di essa.
Poiché l'equazione è di quarto grado, quindi ha quattro soluzioni, concludiamo che tutte le soluzioni sono razionali.

Con questo, il programma che ci eravamo prefissati in questo Capitolo è terminato.

Per ben fissare i concetti esposti, esortiamo lo Studente a risolvere gli esercizi proposti prima di passare alla lettura del Capitolo successivo.

Esercizi sugli argomenti trattati nel Capitolo 2

Prima di mettere mano agli esercizi proposti, consigliamo vivamente allo Studente di riguardare in un libro di Algebra delle Scuole Superiori, come si esegue la divisione tra due polinomi *ed in che cosa consiste la* Regola di Ruffini *(da non confondere con il* Teorema di Ruffini*).*

Sulla divisione tra due polinomi, regola di Ruffini, calcolo del M.C.D. e M.C.M. tra due o più polinomi assegnati

Esercizio 2.1 *Eseguire le seguenti* divisioni *tra i* polinomi $A(x)$ *e* $B(x)$ *di* $\mathbb{R}[x]$:

a) $A(x) = 2x^5 + 3x^4 - 2x + 1$ e $B(x) = x^3 - x^2 + x - 2$

b) $A(x) = x^6 + x^3 - 2$ e $B(x) = x^3 - 5x + 4$

c) $A(x) = x^5 - 7x^3 + x - 1$ e $B(x) = x^2 + x$

d) $A(x) = x^3 - 7x^2 + 5x - 1$ e $B(x) = x^3 + 5x - 6$

Esercizio 2.2 *Utilizzando il* teorema di Ruffini (teorema 2.4) *dire, nei casi elencati, se il* polinomio $A(x)$ *è* divisibile *per il* polinomio $B(x)$:

a) $A(x) = 2x^5 + 3x^4 - 2x + 1$ e $B(x) = x + 1$

b) $A(x) = 3x^2 + x - 1$ e $B(x) = x - 2$

c) $A(x) = 2x^5 + x^3 - 4$ e $B(x) = x + 2$

d) $A(x) = 2x^3 - x^2 + 1$ e $B(x) = 3x - 4$

Esercizio 2.3 *Servendosi della nota regola di Ruffini, trovare il polinomio quoziente ed il polinomio resto nelle divisioni tra i polinomi* $A(x)$ *e* $B(x)$ *dell'esercizio 2.2.*

Esercizio 2.4 *Trovare i valori* $c \in \mathbb{R}$ *tali che il* polinomio

$$A(x) = 3x^3 - 6x^2 + 2x + c$$

sia divisibile *per il* polinomio

$$B(x) = x - 2$$

Esercizio 2.5 *Trovare i valori* $m, n \in \mathbb{R}$ *tali che il* polinomio

$$A(x) = 3mx^5 + nx^2 + 3$$

sia divisibile *per il* polinomio

$$B(x) = x^2 - 1$$

Esercizio 2.6 *Trovare i valori* $a, b \in \mathbb{R}$ *tali che il* polinomio

$$A(x) = x^5 + ax^3 - (2b+1)x^2 + x + b$$

sia divisibile *per il* polinomio

$$B(x) = x^2 + x - 2$$

Esercizio 2.7 *Dimostrare che il* polinomio

$$A(x) = x^n - a^n \quad , \forall n \in \mathbb{N} \quad e \quad \forall a \in \mathbb{R} - \{0\}$$

è divisibile *per il* polinomio $B(x) = x - a$.
Trovare il polinomio quoziente $Q(x)$ *e, scritto*

$$A(x) = (x - a) \cdot Q(x) \quad ,$$

dire inoltre se il membro di destra dell'uguaglianza scritta, fornisce una rappresentazione di $A(x)$ *come prodotto di polinomi irriducibili di* $\mathbb{R}[x]$.

Esercizio 2.8 *Rappresentare, come* prodotto di polinomi irriducibili di $\mathbb{R}[x]$, *i* polinomi:

a) $A(x) = x^6 - 1$

b) $A(x) = x^4 - 5x^2 + 6$

Esercizio 2.9 *Servendosi rispettivamente dell'algoritmo di Euclide e del teorema 2.10, trovare il M.C.D. ed il M.C.M. dei* polinomi

a) $\begin{cases} \varphi_1(x) = x^4 - 3x^3 - 3x^2 + 11x - 6 \\ \varphi_2(x) = x^4 - 4x^3 + 2x^2 + 4x - 3 \end{cases}$

b) $\begin{cases} \varphi_1(x) = x^5 - 3x^3 + 2x^2 \\ \varphi_2(x) = x^3 + 2x^2 - 3 \end{cases}$

c) $\begin{cases} \varphi_1(x) = x^4 - 1 \\ \varphi_2(x) = x^2 + 2x + 1 \end{cases}$

d) $\begin{cases} \varphi_1(x) = x^4 - 1 \\ \varphi_2(x) = x^2 + 2x + 1 \\ \varphi_3(x) = x^2 + 4x + 3 \end{cases}$

Esercizio 2.10 *Dire se i* polinomi *di* $\mathbb{R}[x]$:

$$\varphi_1(x) = x^3 - 3x^2 + 2 \quad e \quad \varphi_2(x) = x^2 - 2x + 2$$

sono primi tra loro *oppure* no.

A titolo di esempio risolviamo gli *esercizi 2.1a, 2.1d, 2.4, 2.5, 2.7, 2.8a, 2.9a, 2.9d e 2.10*.

Esercizio 2.1a

$$\begin{array}{r|l} 2x^5 + 3x^4 + 0x^3 + 0x^2 - 2x + 1 & \underline{x^3 - x^2 + x - 2} \\ \underline{-2x^5 + 2x^4 - 2x^3 + 4x^2} & 2x^2 + 5x + 3 \\ \quad 5x^4 - 2x^3 + 4x^2 - 2x + 1 & \\ \underline{-5x^4 + 5x^3 - 5x^2 + 10x} & \\ \quad\quad 3x^3 - x^2 + 8x + 1 & \\ \underline{-3x^3 + 3x^2 - 3x + 6} & \\ \quad\quad\quad 2x^2 + 5x + 7 & \end{array}$$

Conclusione: $Q(x) = 2x^2 + 5x + 3$, $R(x) = 2x^2 + 5x + 7$

Esercizio 2.1d

$$
\begin{array}{r|l}
x^3 - 7x^2 + 5x - 1 & x^3 + 5x - 6 \\
-x^3 - 5x + 6 & 1 \\
\hline
-7x^2 + 5 &
\end{array}
$$

Conclusione: $Q(x) = 1$, $R(x) = -7x^2 + 5$

Esercizio 2.4

Per il *teorema di Ruffini* (teorema 2.4) il *polinomio* $A(x) = 3x^3 - 6x^2 + 2x + c$ è *divisibile* per il *polinomio* $B(x) = x - 2$ se è $R = A(2) = 3 \cdot 2^3 - 6 \cdot 2^2 + 2 \cdot 2 + c = 4 + c = 0$ cioè se è $c = -4$.

Esercizio 2.5

In questo caso non si può utilizzare il *teorema di Ruffini* (teorema 2.4) perché il *polinomio* $B(x)$ non è un *polinomio di 1° grado*; occorre allora eseguire la normale *divisione* tra i *polinomi* $A(x)$ e $B(x)$ e determinare i *parametri m e n* in modo che risulti $R(x) = 0$, qualunque sia $x \in \mathbb{R}$.

Facendo i calcoli si ha:

$$
\begin{array}{r|l}
3mx^5 + 0x^4 + 0x^3 + nx^2 + 0x + 3 & x^2 - 1 \\
-3mx^5 + 3mx^3 & 3mx^3 + 3mx + n \\
\hline
3mx^3 + nx^2 + 0x + 3 & \\
-3mx^3 + 3mx & \\
\hline
nx^2 + 3mx + 3 & \\
-nx^2 + n & \\
\hline
3mx + (3 + n) &
\end{array}
$$

Risulta:

$R(x) = 3mx + (3 + n) = 0$ se e solo se è $\begin{cases} 3m = 0 \\ 3 + n = 0 \end{cases} \Rightarrow \begin{cases} m = 0 \\ n = -3 \end{cases}$.

Esercizio 2.7
Per il *teorema di Ruffini* (teorema 2.4) si ha:

$$R = A(a) = a^n - a^n = 0$$

quindi il *polinomio* $A(x) = x^n - a^n$ è *divisibile* per il *polinomio* $B(x) = x - a$.

Il *polinomio* $Q(x)$ si può trovare sia utilizzando la *regola di Ruffini*, sia facendo la normale *divisione* tra i *polinomi*: $A(x)$ e $B(x)$.

Utilizzando uno qualunque dei due *metodi* si ha:

$$Q(x) = x^{n-1} + a \cdot x^{n-2} + a^2 \cdot x^{n-3} + \cdots + a^{n-2} \cdot x + a^{n-1} \quad ;$$

possiamo allora scrivere:

$$x^n - a^n = (x-a) \cdot \left(x^{n-1} + a \cdot x^{n-2} + a^2 \cdot x^{n-3} + \cdots + a^{n-2} \cdot x + a^{n-1}\right).$$

Poiché i *polinomi irriducibili* di $\mathbb{R}[x]$ sono quelli di *grado zero*, di *primo grado* e di *secondo grado con il* $\Delta < 0$, possiamo concludere:

- Il *membro di destra* dell'uguaglianza scritta fornisce una *rappresentazione* di $A(x) = x^n - a^n$ come *prodotto di polinomi irriducibili* se è: $n = 2$ e $n = 3$.

  Per $n = 2 \Rightarrow A(x) = x^2 - a^2 = (x-a) \cdot (x+a)$ ed *entrambi* i *polinomi* che compaiono al *secondo membro* sono *irriducibili* perché di 1° *grado*.

  Per $n = 3 \Rightarrow A(x) = x^3 - a^3 = (x-a) \cdot (x^2 + ax + a^2)$ e dei *due polinomi* che compaiono al *secondo membro*, l'*uno* è *irriducibile* perché di 1° *grado*, l'*altro*, perché è di 2° *grado* con il $\Delta = a^2 - 4a^2 = -3a^2 < 0$.

Esercizio 2.8a

$$\begin{aligned} A(x) &= x^6 - 1 = \left(x^3\right)^2 - 1 = \left(x^3 - 1\right) \cdot \left(x^3 + 1\right) = \\ &= (x-1) \cdot \left(x^2 + x + 1\right) \cdot (x+1) \cdot \left(x^2 - x + 1\right) \end{aligned}$$

Dei *quattro polinomi* che compaiono come *fattori* nel 2° *membro*, *due* sono *polinomi irriducibili* perché di 1° *grado* e *due* perché sono di 2° *grado* con il $\Delta < 0$.

Esercizio 2.9a

Seguendo i *passi* in cui si articola l'*algoritmo di Euclide*, riportati nel *paragrafo* 2.11, si trova:

$$M.C.D.(\varphi_1, \varphi_2) = x^3 - 5x^2 + 7x - 3$$

Utilizzando poi il *teorema* 2.10, si ha:

$$\begin{aligned} M.C.M.(\varphi_1, \varphi_2) &= \frac{\varphi_1 \cdot \varphi_2}{M.C.D.(\varphi_1, \varphi_2)} = \\ &= \frac{(x^4 - 3x^3 - 3x^2 + 11x - 6) \cdot (x^4 - 4x^3 + 2x^2 + 4x - 3)}{x^3 - 5x^2 + 7x - 3} = \\ &= x^5 - 2x^4 - 6x^3 + 8x^2 + 5x - 6 \end{aligned}$$

Esercizio 2.9d

Procedendo come abbiamo detto nei *paragrafi* 2.11 e 2.12, si trova:

$$\begin{aligned} M.C.D(\varphi_1, \varphi_2, \varphi_3) &= x + 1 \\ M.C.M.(\varphi_1, \varphi_2, \varphi_3) &= x^6 + 4x^5 + 3x^4 - x^2 - 4x - 3 \end{aligned}$$

Esercizio 2.10

Basta constatare se i *polinomi* $A(x)$ e $B(x)$ assegnati verificano oppure no la *definizione* di *polinomi primi tra loro*, data nel *paragrafo* 2.10.

Poiché la verificano, si ha infatti:

$$M.C.D.(\varphi_1, \varphi_2) = 1 \quad ,$$

concludiamo che i *polinomi* assegnati sono *primi tra loro*.

Sul calcolo degli zeri di polinomi e sulla risoluzione di equazioni algebriche

Esercizio 2.11 *Verificare che i* due polinomi *di* $\mathbb{R}[x]$:

$$\varphi_1(x) = x^5 - 3x^4 - 3x^3 + 9x^2 + 2x - 6$$
$$\varphi_2(x) = x^5 - 3x^4 + 3x^3 - 9x^2 + 2x - 6$$

hanno un *solo zero* in comune.

Esercizio 2.12 *Verificare che i* due polinomi *di* $\mathbb{R}[x]$:

$$\varphi_1(x) = x^4 - 10x^2 + 9$$
$$\varphi_2(x) = x^5 - 5x^3 + 4x$$

hanno due zeri *in comune.*

Esercizio 2.13 *Dato il* polinomio *di* $\mathbb{R}[x]$:

$$\varphi(x) = x^4 - 5x^3 + 9x^2 - 7x + 2$$

a) dire se ha zeri razionali

b) se li ha, trovarli e dire qual è il loro ordine di molteplicità

Esercizio 2.14 *Dato il* polinomio *di* $\mathbb{R}[x]$ *di 4° grado:*

$$\varphi(x) = a_0 x^4 + a_1 x^3 + a_2 x^2 + a_3 x + a_4 \qquad \text{con } a_0 \neq 0$$

trovare sotto quali condizioni per i coefficienti, ha due zeri opposti

Esercizio 2.15 *Sapendo che* $\alpha = i$ *è uno zero del polinomio di* $\mathbb{C}[z]$:

$$\varphi(z) = z^3 - 3iz^2 - (2i+3)z - 2 + i \qquad ,$$

trovare gli altri zeri *in* $\mathbb{C}$.

Esercizio 2.16 *Scrivere il polinomio di* $\mathbb{C}'[z]$ *di 4° grado e di coefficiente direttivo* $a_0 = 1$ *il quale abbia* $\alpha_1 = 2 + 3i$ *ed* $\alpha_2 = 1 - 2i$ *come zeri.*

Esercizio 2.17 *Sapendo che* $\alpha = 1+i$ *è uno zero del polinomio di* $\mathbb{C}'[z]$:

$$\varphi(z) = z^4 - z^3 - 2z^2 + 6z - 4 \ ,$$

trovarne gli altri zeri in $\mathbb{C}$.

Esercizio 2.18 *Dimostrare che un polinomio di $6°$ grado di $\mathbb{C}'[z]$ che ha gli zeri a due a due opposti, manca dei termini di grado dispari.*

Esercizio 2.19 *Sapendo che $\alpha_1 = 1$ e $\alpha_2 = -2$ sono zeri del polinomio di* $\mathbb{C}'[z]$:

$$\varphi(z) = z^4 + 2z^3 - 3z^2 - 4z + 4$$

trovare i rispettivi ordini di molteplicità ν_1 e ν_2.

Esercizio 2.20 *Trovare nell'insieme $\mathbb{C}$ le soluzioni delle seguenti equazioni algebriche:*

a) $z^4 - 4z^2 + 8 = 0$

b) $z^6 - (1+i)z^3 + i = 0$

c) $5z^3 - (7+4i)z^2 - (7+4i)z + 5 = 0$

d) $2z^4 - 5z^3 + 4z^2 - 5z + 2 = 0$

A titolo di esempio risolviamo gli *esercizi 2.11, 2.13, 2.14, 2.20a e 2.20d.*

Esercizio 2.11
Basta trovare un $m.c.d.\,(\varphi_1, \varphi_2)$; ogni *zero* di quest'ultimo è anche *zero* di $\varphi_1(x)$ e di $\varphi_2(x)$.

Utilizzando l'*algoritmo di Euclide*, si trova che un $m.c.d.\,(\varphi_1, \varphi_2)$ è:

$$m.c.d.\,(\varphi_1, \varphi_2) = 2x - 6.$$

L'unico *zero* di esso è $\alpha = 3$ e pertanto quest'ultimo è l'*unico zero* comune ai due *polinomi* $\varphi_1(x)$ e $\varphi_2(x)$.

Esercizio 2.13

Utilizziamo il *teorema* 2.12!

Se il *polinomio* $\varphi(x)$ ha *zeri razionali*, questi ultimi si trovano tra i *divisori* di 2, cioè appartengono all'insieme $\{\pm 1, \pm 2\}$.

Poiché risulta:

$$\varphi(1) = 0, \varphi(-1) = 24, \varphi(2) = 0 \text{ e } \varphi(-2) = 108$$

concludiamo che $\alpha_1 = 1$ ed $\alpha_2 = 2$ sono *zeri razionali* di $\varphi(x)$.
Per calcolare i loro *ordini di molteplicità* ν_1 e ν_2 utilizziamo il *teorema* 2.11.

Calcoliamo $\varphi'(x)$, $\varphi''(x)$ e $\varphi'''(x)$!
Si ha:

$$\begin{aligned}\varphi'(x) &= 4x^3 - 15x^2 + 18x - 7 \\ \varphi''(x) &= 12x^2 - 30x + 18 \\ \varphi'''(x) &= 24x - 30\end{aligned}$$

Poiché è:
$$\varphi'(1) = 0 \ , \ \varphi''(1) = 0 \ , \ \varphi'''(1) = -6$$

concludiamo che:

$\alpha_1 = 1$ è uno *zero razionale* di *ordine di molteplicità* $\nu_1 = 3$.

Non potendo il *polinomio* $\varphi(x)$ avere più di *quattro zeri*, l'*ordine di molteplicità* ν_2 dello zero $\alpha_2 = 2$ è 1, cioè: $\nu_2 = 1$.

Esercizio 2.14

Se α e $-\alpha$ sono due *zeri* del *polinomio* $\varphi(x)$, per il *teorema* 2.4 (teorema di Ruffini), esso è *divisibile* sia per $x - \alpha$ che per $x + \alpha$ e quindi anche per $x^2 - \alpha^2$.

Eseguendo la divisione, si ottengono i due *polinomi*:

$$Q(x) = a_0 x^2 + a_1 x + (a_0 \alpha^2 + a_2)$$

e

$$R(x) = (a_1 \alpha^2 + a_3)x + (a_0 \alpha^4 + a_2 \alpha^2 + a_4).$$

Dovendo essere $R(x)$ *identicamente nullo*, deve risultare

$$a_1 \alpha^2 + a_3 = 0 \qquad (\star)$$

$$a_0 \alpha^4 + a_2 \alpha^2 + a_4 = 0 \qquad (\star\star)$$

Dalla $(\star)$, se è $a_1 \neq 0$, segue:

$$\alpha^2 = -\frac{a_3}{a_1}.$$

Sostituendo il secondo membro di quest'ultima nella $(\star\star)$, si ha:

$$a_0 \cdot \left(-\frac{a_3}{a_1}\right)^2 + a_1 \cdot \left(-\frac{a_3}{a_1}\right) + a_4 = 0$$

e quindi la condizione cercata è:

$$a_0 \cdot a_3^2 - a_1 \cdot a_2 \cdot a_3 + a_1^2 \cdot a_4 = 0 \qquad (\star\star\star)$$

Se è $a_1 = 0$ affinché la $(\star)$ sia soddisfatta, deve essere anche $a_3 = 0$.

Essendo $a_1 = 0$ ed $a_3 = 0$ anche la $(\star\star\star)$ è verificata per cui quest'ultima è la condizione cercata.

Esercizio 2.20a
L'*equazione*

$$z^4 - 4z^2 + 8 = 0$$

è un'*equazione trinomia di grado 4*.

La ricerca delle sue 4 *soluzioni* si fa seguendo il procedimento indicato nel *paragrafo* 2.15, cioè scrivendola così:

$$\left(z^2\right)^2 - 4\left(z^2\right) + 8 = 0$$

e considerando come *incognita*:

$$t = z^2.$$

Così facendo, essa diviene una *equazione algebrica di 2° grado* nell'*incognita t*:

$$t^2 - 4t + 8 = 0.$$

Le *soluzioni* di quest'ultima sono:
$$t_1 = 2 - 2i \quad \text{e} \quad t_2 = 2 + 2i$$

Risolvendo poi le due *equazioni*:
$$z^2 = 2 - 2i \quad \text{e} \quad z^2 = 2 + 2i$$

si hanno le soluzioni in $\mathbb{C}$ dell'equazione data.

Esercizio 2.20d
L'*equazione*
$$2z^4 - 5z^3 + 4z^2 - 5z + 2 = 0$$

è un'*equazione reciproca* di *prima specie* di *grado* 4.

Per risolverla, seguiamo il procedimento illustrato nel *paragrafo* 2.16.

1. dividiamo ambo i membri di essa per z^2 ottenendo in tal modo l'*equazione equivalente*
$$2z^2 - 5z + 4 - 5 \cdot \frac{1}{z} + 2\frac{1}{z^2} = 0$$

    che possiamo scrivere in questo modo:
    $$2\left(z^2 + \frac{1}{z^2}\right) - 5\left(z + \frac{1}{z}\right) + 4 = 0 \qquad (\square)$$

2. assumiamo come *incognita*
$$t = z + \frac{1}{z} \quad ; \qquad (\square\square)$$

    ciò ci consente di trasformare l'*equazione* ($\square$) da un'*equazione* nell'*incognita* z in un'*equazione* nell'*incognita* t operando così:

    facciamo il quadrato di ambo i membri della ($\square\square$). Otteniamo:
    $$t^2 = \left(z + \frac{1}{z}\right)^2 \Rightarrow t^2 = z^2 + 2 \cdot z \cdot \frac{1}{z} + \left(\frac{1}{z}\right)^2 \Rightarrow$$
    $$\Rightarrow t^2 = z^2 + 2 + \frac{1}{z^2}$$

    da cui segue
    $$z^2 + \frac{1}{z^2} = t^2 - 2 \qquad (\square\square\square)$$

3. Sostituiamo, nella (□), la (□□) e la (□□□); si ha allora l'equazione

$$2(t^2 - 2) - 5t + 4 = 0 \quad \text{cioè} \quad 2t^2 - 5t = 0$$

le cui *soluzioni* sono: $t_1 = 0$ e $t_2 = \dfrac{5}{2}$.

Le 4 *soluzioni* dell'*equazione data* si ottengono risolvendo le due equazioni:

$$z + \frac{1}{z} = 0 \quad \text{e} \quad z + \frac{1}{z} = \frac{5}{2}.$$

Facendo i calcoli si trova:

$$\alpha_1 = i \,, \; \alpha_2 = -i \,, \; \alpha_3 = \frac{1}{2} \,, \; \alpha_4 = 2.$$

Risposte agli esercizi del Capitolo 2

Sulla divisione tra due polinomi, regola di Ruffini, calcolo del M.C.D. e M.C.M. tra due o più polinomi assegnati

Risposta 2.1

b) $Q(x) = x^3 + 5x - 3$; $R(x) = 25x^2 - 35x + 10$

c) $Q(x) = x^3 - x^2 - 6x + 6$; $R(x) = -5x - 1$

Risposta 2.2

a) $R = A(-1) = 4$ no

b) $R = A(2) = 13$ no

c) $R = A(-2) = -76$ no

d) $R = A\left(\frac{4}{3}\right) = \frac{107}{27}$ no

Risposta 2.3

a) $Q(x) = 2x^4 + x^3 - x^2 + x - 3$, $R(x) = 4$

b) $Q(x) = 3x + 7$, $R(x) = 13$

c) $Q(x) = 2x^4 - 4x^3 + 9x^2 - 18x + 36$, $R(x) = -76$

d) $Q(x) = \frac{2}{3}x^2 + \frac{5}{9}x + \frac{20}{27}$, $R(x) = \frac{107}{27}$

Risposta 2.6
$a = -3$; $b = -2$

Risposta 2.8 b) $A(x) = (x - \sqrt{2})(x + \sqrt{2})(x - \sqrt{3})(x + \sqrt{3})$

Risposta 2.9

b)
$$M.C.D.(\varphi_1, \varphi_2) = x - 1$$
$$M.C.M.(\varphi_1, \varphi_2) = x^7 + 3x^6 - 7x^4 - 3x^3 + 6x^2$$

c)
$$M.C.D.(\varphi_1, \varphi_2) = x + 1$$
$$M.C.M.(\varphi_1, \varphi_2) = x^5 + x^4 - x - 1$$

Sul calcolo degli zeri di polinomi, delle funzioni polinomiali e sulla risoluzione delle equazioni algebriche

Risposta 2.12
$\alpha_1 = 1$, $\alpha_2 = -1$

Risposta 2.15
$\alpha_1 = 1 + 2i$, $\alpha_2 = -1$

Risposta 2.16
$$\begin{aligned}\varphi(z) &= (z - 2 - 3i) \cdot (z - 2 + 3i) \cdot (z - 1 + 2i) \cdot (z - 1 - 2i) = \\ &= [(z - 2)^2 + 9] \cdot [(z - 1)^2 + 4] = (z^2 - 4z + 13) \cdot (z^2 - 2z + 5) = \\ &= z^4 - 6z^3 + 26z^2 - 46z + 65\end{aligned}$$

Risposta 2.17
$\alpha_1 = -2$, $\alpha_2 = 1$

Risposta 2.19
$\nu_1 = \nu_2 = 2$

Risposta 2.20

b) $\alpha_1 = 1$, $\alpha_2 = -i$, $\alpha_3 = -\frac{1}{2} + \frac{\sqrt{3}}{2}i$, $\alpha_4 = -\frac{1}{2} - \frac{\sqrt{3}}{2}i$, $\alpha_5 = \frac{\sqrt{3}}{2} + \frac{1}{2}i$, $\alpha_6 = -\frac{\sqrt{3}}{2} + \frac{1}{2}i$

c) $\alpha_1 = -1$, $\alpha_2 = 2+i$, $\alpha_3 = \frac{2}{5} - \frac{1}{5}i$

Capitolo 3

Le frazioni algebriche

La finalità di questo *Capitolo* è di definire le *frazioni algebriche* aventi per *numeratore* e per *denominatore* due *polinomi* di $\mathbb{R}[x]$; di esse ci limiteremo a studiarne una *proprietà*, di cui avremo bisogno nel libro "Integrazione delle funzioni reali di una variabile reale", per la ricerca delle *primitive*[1] delle *funzioni razionali*.

Nel trattare l'*argomento* useremo lo *stesso metodo* con il quale nel *Capitolo precedente* abbiamo ricercato i *polinomi irriducibili* di $\mathbb{R}[x]$ e costruito la "formula" (formula (2.27)) che permette di rappresentare ogni altro *polinomio* di $\mathbb{R}[x]$ come *prodotto* di essi.

Per rendere agevole la comprensione del "modo di procedere" iniziamo con il mettere in evidenza i *punti chiave* del *metodo* seguito nel *Capitolo precedente* giacché, come abbiamo detto, nel presente *Capitolo* seguiremo lo stesso *metodo*.

3.1 Punti chiave di un metodo di ricerca

Nel *Capitolo precedente*, per la ricerca di *polinomi irriducibili* di $\mathbb{R}[x]$ abbiamo:

---

[1] Il concetto di *primitiva di una funzione* è stato dato nel *paragrafo* 1.17 del libro "Derivabilità, diagrammi e formula di Taylor" della collana "Analisi Matematica a portata di clic".

1. ricercato i *polinomi irriducibili* di $\mathbb{C}[z]$ ed abbiamo costruito una "formula" (formula (2.19)) che permette di *rappresentare* ogni *altro polinomio* di $\mathbb{C}[z]$ come *prodotto di essi*.

2. constatato che esiste un *sottoinsieme* di $\mathbb{C}[z]$, che abbiamo denotato con $\mathbb{C}'[z]$, *isomorfo* a $\mathbb{R}[x]$ secondo l'*isomorfismo* (2.21).

3. ricercato i *polinomi irriducibili* di $\mathbb{C}'[z]$. Noti questi ultimi, dalla "formula" (2.19) abbiamo dedotto la (2.26) che permette di rappresentare ogni *altro polinomio* di $\mathbb{C}'[z]$ come *prodotto di essi*.

4. concluso infine che i *polinomi irriducibili* di $\mathbb{R}[x]$ sono quelli corrispondenti ai *polinomi irriducibili* di $\mathbb{C}'[z]$ sempre secondo l'*isomorfismo* (2.21).

Ciò premesso, iniziamo!

3.2 Le frazioni algebriche aventi per numeratore e per denominatore polinomi di $\mathbb{C}[z]$

Siano $C(z)$ e $D(z)$ due polinomi dell'insieme $\mathbb{C}[z]$ di *grado* rispettivamente $m \geq 0$ e $n > 0$.

Poiché $D(z)$ *non è identicamente nullo*, possiamo costruire la *frazione*:

$$\frac{C(z)}{D(z)} \qquad (3.1)$$

avente per *numeratore* $C(z)$ e per *denominatore* $D(z)$ che prende il nome di *frazione algebrica complessa*.
Nel seguito denoteremo con $\mathbb{C}_F[z]$ l'*insieme delle frazioni algebriche complesse* (3.1).

Se nella (3.1) il polinomio $D(z)$ fosse un *divisore* del polinomio $C(z)$ allora la *frazione stessa* si ridurrebbe a un *polinomio* $Q(z)$.

§ 3.2 Frazioni algebriche

Nelle nostre considerazioni future intenderemo escluso tale caso e supporremo inoltre che i *polinomi* $C(z)$ e $D(z)$ siano *primi* tra loro [2].

La *frazione algebrica* (3.1) si dice che è una *frazione algebrica propria* se è $m < n$, *impropria* se è invece $m \geq n$.

Diamo intanto un primo *teorema* il quale ci mostra che ogni *frazione algebrica impropria* può essere decomposta come *somma* di un *polinomio* e di una *frazione algebrica propria*.

Teorema 3.1 *Se la frazione algebrica (3.1) è* impropria *allora si può, in uno ed un sol modo, decomporla* come somma *di un* polinomio $Q(z)$ *e di una* frazione algebrica propria.

Dimostrazione
Eseguendo la divisione tra $C(z)$ e $D(z)$, per il *teorema 2.2*, esistono e sono unici due *polinomi* $Q(z)$ e $R(z)$ tali che:

$$C(z) = D(z) \cdot Q(z) + R(z) \quad \text{con} \quad \text{grado } R(z) < \text{grado } D(z).$$

Dividendo ambo i membri dell'uguaglianza scritta per $D(z)$ otteniamo:

$$\frac{C(z)}{D(z)} = Q(z) + \frac{R(z)}{D(z)}.$$

c.v.d.

Nell'insieme $\mathbb{C}[z]$ abbiamo visto che esistono dei *polinomi*, che abbiamo chiamati *polinomi irriducibili*, i quali ci permettono di rappresentare, per mezzo della *formula* (2.19), ogni altro polinomio di $\mathbb{C}[z]$ come *prodotto* di essi.

Ci poniamo ora il problema di vedere se nell'insieme $\mathbb{C}_F[z]$ esistono delle *frazioni algebriche proprie* che permettano di rappresentare ogni altra *frazione algebrica propria* come *somma* di esse.

Se tali *frazioni algebriche proprie* esistono, verranno chiamate *frazioni algebriche elementari*.

---

[2] Qualora i polinomi $C(z)$ e $D(z)$ non fossero *primi tra loro*, ci si può sempre ridurre a tale caso sostituendo la *frazione* data con la *frazione* ad essa *equivalente* avente per *numeratore* e per *denominatore* i *polinomi* che si ottengono dividendo $C(z)$ e $D(z)$ per un m.c.d.(C, D).

Esse, nel *sottoinsieme* di $\mathbb{C}_F[z]$ costituito dalle *frazioni algebriche proprie*, svolgerebbero un ruolo analogo a quello che, nell'insieme $\mathbb{C}[z]$ svolgono i *polinomi irriducibili*.

L'unica differenza tra il ruolo svolto dalle *frazioni algebriche elementari* e quello svolto dai *polinomi irriducibili* sta nel fatto che questi ultimi permettono di rappresentare *ogni altro polinomio* di $\mathbb{C}[z]$ come *prodotto* di cui essi sono *fattori* (formula (2.19)), mentre le *frazioni algebriche elementari*, se esistono, dovrebbero permettere di rappresentare *ogni altra frazione algebrica propria* di $\mathbb{C}_F[z]$, come *somma* di cui esse sono *termini*.

Affrontiamo allora il problema posto!

3.3 Una formula di decomposizione per le frazioni algebriche proprie di $\mathbb{C}_F[z]$

Data una *frazione algebrica propria* $\frac{C(z)}{D(z)}$ di $\mathbb{C}_F[z]$, se α è uno *zero* di *ordine di molteplicità* $\nu \geq 1$ del polinomio $D(z)$, quest'ultimo è *divisibile* per $(z-\alpha)^\nu$ e non per $(z-\alpha)^{\nu+1}$ per cui, detto $D_1(z)$ il *polinomio quoziente* tra $D(z)$ e $(z-\alpha)^\nu$, possiamo scrivere:

$$D(z) = (z-\alpha)^\nu \cdot D_1(z) \qquad . \tag{3.2}$$

Il polinomio $D_1(z)$ ha *grado* $n - \nu$ e risulta $D_1(\alpha) \neq (0,0)$.

Enunciamo ora il *teorema* che sta alla base della *formula di decomposizione* che stiamo cercando.

Teorema 3.2 *Data una frazione algebrica propria $\frac{C(z)}{D(z)}$ di $\mathbb{C}_F[z]$, se α è uno zero di ordine di molteplicità $\nu \geq 1$ del polinomio $D(z)$ allora esistono e sono unici:*

– *una costante complessa $A_\nu \neq (0,0)$*

– *un polinomio $C_\nu(z)$ di* grado $< n - 1$

tali che risulti:

$$\frac{C(z)}{D(z)} = \frac{A_\nu}{(z-\alpha)^\nu} + \frac{C_\nu(z)}{(z-\alpha)^{\nu-1} \cdot D_1(z)} \tag{3.3}$$

§ 3.3 *Formula decompositiva per frazioni algebriche proprie di* $\mathbb{C}_f[z]$

Dimostrazione
Provare l'esistenza di una *costante* A_ν e di un *polinomio* $C_\nu(z)$ che verifichino la (3.3) è la stessa cosa che provare l'*esistenza* di una *costante* A_ν e di un *polinomio* $C_\nu(z)$ che verifichino l'*identità* ottenuta dalla (3.3) moltiplicandone ambo i membri per i polinomio $D(z)$.

L'identità suddetta, tenendo conto della (3.2) è:

$$C(z) = A_\nu \cdot D_1(z) + (z - \alpha) \cdot C_\nu(z). \tag{3.4}$$

Ponendo in essa $z = \alpha$ si ottiene:

$$A_\nu = \frac{C(\alpha)}{D_1(\alpha)} \tag{3.5}$$

quindi la *costante* A_ν è determinata ed è sicuramente $A_\nu \neq (0,0)$ perché è sicuramente $C(\alpha) \neq (0,0)$.

Se fosse infatti $C(\alpha) = (0,0)$, α sarebbe uno *zero* di $C(z)$ e quindi $C(z)$ sarebbe *divisibile* per $z - \alpha$, contrariamente all'ipotesi che $C(z)$ e $D(z)$ sono *polinomi primi* tra loro.

Procediamo ora alla determinazione di $C_\nu(z)$!
Sostituendo nella (3.4) il *valore* A_ν dato dalla (3.5), si ha:

$$C(z) = \frac{C(\alpha)}{D_1(\alpha)} \cdot D_1(z) + (z - \alpha) \cdot C_\nu(z)$$

da cui segue:

$$C(z) - \frac{C(\alpha)}{D_1(\alpha)} \cdot D_1(z) = (z - \alpha) \cdot C_\nu(z). \tag{3.6}$$

Il polinomio che costituisce il primo membro della (3.6) è sicuramente di *grado* $\leq n - 1$ perché *differenza dei polinomi*:

- $C(z)$ di *grado* $\leq n - 1$ in quanto la frazione $\frac{C(z)}{D(z)}$ è *propria* e $D(z)$ ha *grado* n.

- $\frac{C(\alpha)}{D_1(\alpha)} \cdot D_1(z)$ il quale, essendo $\frac{C(\alpha)}{D_1(\alpha)}$ una *costante non nulla*, ha il *grado* di $D_1(z)$ che, per la (3.2), è $n - \nu$.

La (3.6) ci mostra poi che il polinomio

$$C(z) - \frac{C(\alpha)}{D_1(\alpha)} \cdot D_1(z) \tag{3.7}$$

è *divisibile* per $z - \alpha$ e $C_\nu(z)$ è il *polinomio quoziente*; il *grado* di quest'ultimo pertanto è uguale al *grado del polinomio* (3.7) diminuito di *uno*, quindi sicuramente $< n - 1$.

Finora abbiamo provato l'*esistenza* di una *costante* A_ν data dalla (3.5) e di un *polinomio* $C_\nu(z)$ di *grado* $< n - 1$, determinato dalla (3.6), che verificano la *tesi* del teorema.

Resta ora da provare l'*unicità* della *costante* A_ν e del *polinomio* $C_\nu(z)$ trovati.

Per ragioni di spazio, lasciamo la facile dimostrazione allo Studente.

c.v.d.

Applicando il *teorema 3.2* alla frazione algebrica (propria)

$$\frac{C_\nu(z)}{(z - \alpha)^{\nu-1} \cdot D_1(z)} ,$$

che compare nel secondo membro della (3.3), otteniamo:

$$\frac{C_\nu(z)}{(z - \alpha)^{\nu-1} \cdot D_1(z)} = \frac{A_{\nu-1}}{(z - \alpha)^{\nu-1}} + \frac{C_{\nu-1}(z)}{(z - \alpha)^{\nu-2} \cdot D_1(z)}. \tag{3.8}$$

Sostituendo la (3.8) nella (3.3), si ha:

$$\frac{C(z)}{D(z)} = \frac{A_\nu}{(z - \alpha)^\nu} + \frac{A_{\nu-1}}{(z - \alpha)^{\nu-1}} + \frac{C_{\nu-1}(z)}{(z - \alpha)^{\nu-2} \cdot D_1(z)} .$$

Cosí proseguendo arriviamo a costruire la "formula":

$$\frac{C(z)}{D(z)} = \frac{A_\nu}{(z - \alpha)^\nu} + \frac{A_{\nu-1}}{(z - \alpha)^{\nu-1}} + \cdots + \frac{A_2}{(z - \alpha)^2} + \frac{A_1}{z - \alpha} + \frac{C_1(z)}{D_1(z)} \tag{3.9}$$

ove:

§ 3.3 Formula decompositiva per frazioni algebriche proprie di $\mathbb{C}_f[z]$ 127

- A_ν, $A_{\nu-1}$, $A_{\nu-2}$, ..., A_2, A_1 sono *costanti non nulle*, univocamente determinate;

- $C_1(z)$ è un *polinomio*, univocamente determinato, di *grado* minore del *grado* $n - \nu$ del *polinomio* $D_1(z)$

La *frazione algebrica* $\frac{C_1(z)}{D_1(z)}$ è quindi una *frazione algebrica propria*; il polinomio $D_1(z)$ ha altri $n - \nu$ zeri in $\mathbb{C}$ tra loro *distinti* oppure *no*.

Ripetendo per ciascuno degli *zeri distinti* le considerazioni che ci hanno portato alla costruzione della "formula" (3.9), possiamo concludere con quest'altro *teorema*:

Teorema 3.3 *Data una* frazione algebrica propria $\frac{C(z)}{D(z)}$ *e detti* $\alpha_1, \alpha_2, \ldots, \alpha_r$ *gli* zeri distinti *del polinomio* $D(z)$ *di ordine di molteplicità rispettivamente* $\nu_1, \nu_2, \ldots, \nu_r$, *si ha per* $\frac{C(z)}{D(z)}$ *la seguente formula di decomposizione:*

$$\begin{aligned}
\frac{C(z)}{D(z)} &= \frac{A_{11}}{z - \alpha_1} + \frac{A_{12}}{(z - \alpha_1)^2} + \ldots + \frac{A_{1\nu_1}}{(z - \alpha_1)^{\nu_1}} + \\
&+ \frac{A_{21}}{z - \alpha_2} + \frac{A_{22}}{(z - \alpha_2)^2} + \ldots + \frac{A_{2\nu_2}}{(z - \alpha_2)^{\nu_2}} + \\
&+ \ldots\ldots\ldots\ldots\ldots\ldots\ldots\ldots\ldots\ldots + \\
&+ \frac{A_{r1}}{z - \alpha_r} + \frac{A_{r2}}{(z - \alpha_r)^2} + \ldots + \frac{A_{r\nu_r}}{(z - \alpha_r)^{\nu_r}} \quad (3.10)
\end{aligned}$$

ove: $A_{11}, A_{12}, \ldots, A_{1\nu_1}, A_{21}, A_{22}, \ldots, A_{2\nu_2}, A_{r1}, A_{r2}, \ldots, A_{r\nu_r}$ *sono costanti non nulle univocamente determinate.*

Abbiamo denotato tutte le *costanti* con la stessa *lettera maiuscola* munita di *due indici*: h e k che variano da una *costante* all'altra: A_{hk}.

Il significato degli *indici* risulta chiaro osservando il secondo membro della (3.10).

Ciascuno dei termini che in esso compare è una *frazione algebrica* del tipo:

$$\frac{A_{hk}}{(z - \alpha_h)^k}.$$

Abbiamo disposto i *termini* su *righe distinte*; il *numero di righe* è uguale al *numero degli zeri distinti*:

$$\alpha_1, \alpha_2, \ldots, \alpha_h, \ldots, \alpha_r$$

del *polinomio* $D(z)$; le *righe* sono quindi r.

Il *numero dei termini* scritti su *ciascuna riga* è uguale all'*ordine di molteplicità dello zero* (del *polinomio* $D(z)$) che compare nel *denominatore* dei *termini scritti* sulla *riga* medesima.

Per fissare le idee circa la *struttura della formula* (3.10), facciamo un esempio.

Esempio 3.1 *Se il* polinomio $D(z)$ *ha quattro zeri distinti:*

$$\alpha_1, \ \alpha_2, \ \alpha_3, \ \alpha_4$$

di ordine di molteplicità *rispettivamente:*

$$\nu_1 = 2, \ \nu_2 = 1, \ \nu_3 = 4 \ e \ \nu_4 = 3 \quad ,$$

la formula (3.9) diviene:

$$\begin{aligned}
\frac{C(z)}{D(z)} &= \frac{A_{11}}{z - \alpha_1} + \frac{A_{12}}{(z - \alpha_1)^2} + \\
&+ \frac{A_{21}}{z - \alpha_2} + \\
&+ \frac{A_{31}}{z - \alpha_3} + \frac{A_{32}}{(z - \alpha_3)^2} + \frac{A_{33}}{(z - \alpha_3)^3} + \frac{A_{34}}{(z - \alpha_3)^4} + \\
&+ \frac{A_{41}}{z - \alpha_4} + \frac{A_{42}}{(z - \alpha_4)^2} + \frac{A_{43}}{(z - \alpha_4)^3}
\end{aligned}$$

La *formula di decomposizione* (3.10) risolve il problema posto alla fine del *paragrafo* 3.2.

Concludendo possiamo allora dire:

§ 3.4 Metodi per il calcolo delle costanti A_{hk}

- Le uniche *frazioni algebriche elementari* di $\mathbb{C}_F[z]$ sono quelle del tipo:
$$\frac{A_k}{(z-\alpha)^k} \quad \text{con } A_k \text{ costante non nulla}$$

e la *formula di decomposizione* (3.10) è la "formula" cercata.

Poichè le *costanti* $A_{11}, A_{12}, \ldots, A_{hk}, \ldots$ sono *univocamente determinate*, il loro valore non dipende dal *metodo* usato per calcolarle ma unicamente dalla *frazione algebrica* $\frac{C(z)}{D(z)}$.

I *metodi generali* usati per il loro calcolo sono essenzialmente due:

- il *metodo di identificazione*

- il *metodo di variazione dell'argomento*.

Illustriamo tali metodi con un esempio!

3.4 Metodo di identificazione e metodo di variazione dell'argomento

Supponiamo di avere la *frazione algebrica propria*

$$\frac{C(z)}{D(z)} = \frac{3z^2 - 4z - 2}{z^3 - 3z + 2} \tag{3.11}$$

e di volerla *decomporre* secondo la *formula* (3.10).

Il *primo passo* da fare, qualunque dei *due metodi* si voglia usare, è di *trovare* gli *zeri* del *polinomio* $D(z)$.

Si ha:
$$D(z) = z^3 - 3z + 2 = (z-1)^2 \cdot (z+2) \tag{3.12}$$

e quindi gli *zeri* sono:

$$\alpha_1 = 1 \quad \text{e} \quad \alpha_2 = -2.$$

I loro *ordini di molteplicità* sono rispettivamente:
$$\nu_1 = 2 \quad \text{e} \quad \nu_2 = 1.$$

La formula di decomposizione (3.10) nel nostro caso è:
$$\frac{3z^2 - 4z - 2}{z^3 - 3z + 2} = \frac{A_{11}}{z-1} + \frac{A_{12}}{(z-1)^2} + \frac{A_{21}}{z+2} \tag{3.13}$$

Moltiplicando ambo i membri della (3.13) per $D(z)$, tenendo conto della (3.12), si ha:
$$3z^2 - 4z - 2 = A_{11}(z-1)(z+2) + A_{12}(z+2) + A_{21}(z-1)^2 \tag{3.14}$$

Eseguendo le moltiplicazioni che compaiono nel membro di destra e riducendo poi i termini simili, la (3.14) diviene:
$$3z^2 - 4z - 2 = (A_{11} + A_{21})z^2 + (A_{11} + A_{12} - 2A_{21})z + (-2A_{11} + 2A_{12} + A_{21}) \tag{3.15}$$

Ciò che resta ora da fare è determinare le costanti A_{11}, A_{12} e A_{21} affinché la (3.15) sia vera qualunque sia $z \in \mathbb{C}$.

Per fare ciò possiamo seguire *due vie*:

via 1 Utilizziamo il *principio d'identità dei polinomi* (teorema 2.1). Ciò conduce ad un *sistema lineare non omogeneo* di tre *equazioni* nelle tre *incognite* A_{11}, A_{12} ed A_{21}:
$$\begin{cases} A_{11} + A_{21} = 3 \\ A_{11} + A_{12} - 2A_{21} = -4 \\ -2A_{11} + 2A_{12} + A_{21} = -2 \end{cases} \tag{3.16}$$

Risolvendolo si ha: $A_{11} = 1$, $A_{12} = -1$ ed $A_{21} = 2$.

Sostituendo tali valori nella (3.13) abbiamo:
$$\frac{3z^2 - 4z - 2}{z^3 - 3z + 2} = \frac{1}{z-1} - \frac{1}{(z-1)^2} + \frac{2}{z+2}$$

e quindi il *problema di decomporre la frazione algebrica* data come *somma di frazioni algebriche semplici* è risolto. La via seguita è nota come *metodo di identificazione*.

§ 3.5 Frazioni algebriche con numeratore e denominatore in $\mathbb{R}[x]$

via 2 Per ogni valore (arbitrario) attribuito alla *variabile* z nella (3.15), quest'ultima si trasforma in un'*equazione lineare nelle incognite* A_{11}, A_{12} ed A_{21}.

Se attribuiamo a z *tre valori distinti* ad esempio: 0, 1, -1, otteniamo un *sistema lineare non omogeneo* di *tre equazioni* nelle *tre incognite* A_{11}, A_{12} ed A_{21}:

$$\begin{cases} -2A_{11} + +2A_{12} + A_{21} = -2 \\ 3A_{12} = -3 \\ -2A_{11} + A_{12} + 4A_{21} = 5 \end{cases}$$

il quale ha la *stessa soluzione* (A_{11}, A_{12}, A_{21}) del *sistema* (3.16).

Questa via è nota come *metodo di variazione dell'argomento*.

Con questo abbiamo terminato lo studio delle *frazioni* aventi per numeratore e denominatore due *polinomi* $C(z)$ e $D(z)$ di $\mathbb{C}[z]$.

Occupiamoci ora delle *frazioni algebriche* aventi per *numeratore* e per *denominatore* due *polinomi* di $\mathbb{R}[x]$.

3.5 Le frazioni algebriche aventi per numeratore e per denominatore polinomi di $\mathbb{R}[x]$

Siano $C(x)$ e $D(x)$ due *polinomi* dell'*insieme* $\mathbb{R}[x]$ di *grado* rispettivamente $m \geq 0$ e $n > 0$.

Poiché $D(x)$ *non è identicamente nullo*, possiamo costruire la *frazione*

$$\frac{C(x)}{D(x)} \qquad (3.17)$$

avente per *numeratore* $C(x)$ e per *denominatore* $D(x)$ che prende il nome di *frazione algebrica reale*.

Nel seguito denoteremo con $\mathbb{R}_F[x]$ l'*insieme delle frazioni algebriche reali* (3.17).

Analogamente a quanto abbiamo fatto per le *frazioni* (3.1), supporremo anche qui che le *frazioni* (3.17), che prenderemo in esame, soddisfino le seguenti condizioni:

1. $D(x)$ non sia *divisore* di $C(x)$, cioè la frazione non si riduca ad un *polinomio* $Q(x)$;

2. $C(x)$ e $D(x)$ siano due *polinomi primi* tra loro.

Per tali *frazioni* restano invariate le definizioni di *frazione propria, impropria* e la tesi del *teorema 3.1*.

Vogliamo ora indagare se anche nell'*insieme* $\mathbb{R}_F[x]$ esistano *frazioni algebriche proprie* che permettano di rappresentare ogni altra *frazione algebrica propria* di $\mathbb{R}_F[x]$ come *somma* di esse.

Se tali *frazioni* esistono, verranno anche qui chiamate *frazioni algebriche elementari*.

In tale indagine seguiremo lo *stesso metodo* usato nel *Capitolo precedente* per la ricerca dei *polinomi irriducibili* di $\mathbb{R}[x]$ e che abbiamo riassunto nel *paragrafo 3.1*.

Se mostreremo quindi che esiste un *sottoinsieme* $\mathbb{C}'_F[z]$ di $\mathbb{C}_F[z]$, isomorfo a $\mathbb{R}_F[x]$ (rispetto alle operazioni di addizione e moltiplicazione), ricercheremo le *frazioni algebriche elementari* di $\mathbb{C}'_F[z]$ e concluderemo che le *frazioni algebriche elementari* di $\mathbb{R}_F[x]$ sono quelle che corrispondono (secondo l'*isomorfismo* stabilito) alle *frazioni algebriche elementari* di $\mathbb{C}'_F[z]$.

3.6 Il sottoinsieme $\mathbb{C}'_F[z]$ di $\mathbb{C}_F[z]$ isomorfo all'insieme $\mathbb{R}_F[x]$ e le frazioni algebriche elementari di quest'ultimo

L'*isomorfismo* (2.21) esistente tra $\mathbb{C}'[z]$ e $\mathbb{R}[x]$ induce un *isomorfismo* tra $\mathbb{C}'_F[z]$ e $\mathbb{R}_F[x]$.

Vediamo perché!

§ 3.6 $\mathbb{C}'_F[z]$ isomorfo a $\mathbb{R}_F[x]$

Se consideriamo il *sottoinsieme* $\mathbb{C}'_F[z]$ di $\mathbb{C}_F[z]$ costituito dalle *frazioni algebriche* (3.1) nelle quali sia il *numeratore* che il *denominatore* appartengono a $\mathbb{C}'[z]$ constatiamo che:

- le *frazioni somma* e *prodotto* di due *frazioni* di $\mathbb{C}'_F[z]$ appartengono a $\mathbb{C}'_F[z]$

- per via dell'*isomorfismo* esistente tra $\mathbb{C}'[z]$ e $\mathbb{R}[x]$, il sottoinsieme $\mathbb{C}'_F[z]$ può essere posto in *corrispondenza biunivoca* con $\mathbb{R}_F[x]$ in questo modo:

$$\begin{aligned}\frac{C(z)}{D(z)} &= \frac{c_o z^m + c_1 z^{m-1} + \cdots + c_{m-1} z + c_m}{d_o z^n + d_1 z^{n-1} + \cdots + d_{n-1} z + d_n} \in \mathbb{C}'_F[z] \\ &\updownarrow \\ \frac{C(x)}{D(x)} &= \frac{c'_o x^m + c'_1 x^{m-1} + \cdots + c'_{m-1} x + c'_m}{d'_o x^n + d'_1 x^{n-1} + \cdots + d'_{n-1} x + d'_n} \in \mathbb{R}_F[x]\end{aligned} \quad (3.18)$$

ove

$$\begin{aligned}c_0 &= (c'_0, 0) & d_0 &= (d'_0, 0) \\ c_1 &= (c'_1, 0) & d_1 &= (d'_1, 0) \\ &\ldots \quad \text{e} \quad \ldots \\ c_{m-1} &= (c'_{m-1}, 0) & d_{n-1} &= (d'_{n-1}, 0) \\ c_m &= (c'_m, 0) & d_n &= (d'_n, 0)\end{aligned}$$

ed è immediato verificare che tale *corrispondenza* è un *isomorfismo* rispetto alle *operazioni di addizione e moltiplicazione* definite in $\mathbb{C}'_F[z]$ ed in $\mathbb{R}_F[x]$.

Ciò premesso, nell'insieme $\mathbb{C}'_F[z]$ ci poniamo lo stesso problema che ci siamo posti nell'insieme $\mathbb{C}_F[z]$, cioè vogliamo vedere se esistono in $\mathbb{C}'_F[z]$ delle *frazioni algebriche proprie* che permettono di *rappresentare* ogni altra *frazione algebrica propria* come *somma* di esse.

In altre parole, anche qui vogliamo trovare una *formula di decomposizione* che svolga l'ufficio che in $\mathbb{C}_F[z]$ svolge la (3.10).

Anche qui, se una tale *formula* esiste, le *frazioni algebriche proprie*, che compariranno come *termini* nel suo secondo membro, verranno chiamate *frazioni algebriche elementari* di $\mathbb{C}'_F[z]$; le *frazioni* di $\mathbb{R}_F[x]$ ad esse *corrispondenti nell'isomorfismo* (3.18) saranno infine le *frazioni algebriche elementari* di $\mathbb{R}_F[x]$ che stiamo cercando.

Data allora una qualunque *frazione algebrica propria* $\frac{C(z)}{D(z)}$ di $\mathbb{C}'_F[z]$, poiché essa appartiene anche a $\mathbb{C}_F[z]$, può essere *decomposta* secondo la *formula* (3.10) che ci dà la *decomposizione* di $\frac{C(z)}{D(z)}$ come *somma* di *frazioni algebriche elementari* di $\mathbb{C}_F[z]$.

Di queste ultime appartengono a $\mathbb{C}'_F[z]$ solo quelle *corrispondenti* agli *zeri* del polinomio $D(z)$ che appartengono a $\mathbb{C}'$, cioè *complessi reali*.

Denotiamo allora con α_1, α_2, ..., α_h tali *zeri* e siano ν_1, ν_2, ..., ν_h i loro *ordini di molteplicità*.

Siccome la *somma* di *frazioni* di $\mathbb{C}'_F[z]$ è una *frazione* di $\mathbb{C}'_F[z]$, appartiene a $\mathbb{C}'_F[z]$ sia la *somma* delle suddette *frazioni*, sia la *differenza* tra $\frac{C(z)}{D(z)}$ e tale *somma*.

Se denotiamo la *frazione differenza* con $\frac{\widetilde{C}(z)}{\widetilde{D}(z)}$, la (3.10) diviene:

$$\begin{aligned}\frac{C(z)}{D(z)} &= \frac{A_{11}}{z-\alpha_1} + \frac{A_{12}}{(z-\alpha_1)^2} + \cdots + \frac{A_{1\nu_1}}{(z-\alpha_1)^{\nu_1}} + \\ &+ \frac{A_{21}}{z-\alpha_2} + \frac{A_{22}}{(z-\alpha_2)^2} + \cdots + \frac{A_{2\nu_2}}{(z-\alpha_2)^{\nu_2}} + \\ &+ \cdots\cdots\cdots\cdots\cdots\cdots\cdots + \\ &+ \frac{A_{h1}}{z-\alpha_h} + \frac{A_{h2}}{(z-\alpha_h)^2} + \cdots + \frac{A_{h\nu_h}}{(z-\alpha_h)^{\nu_h}} + \frac{\widetilde{C}(z)}{\widetilde{D}(z)} \end{aligned} \quad (3.19)$$

La *frazione* $\frac{\widetilde{C}(z)}{\widetilde{D}(z)}$ è una *frazione algebrica propria* il cui *denominatore* è un *polinomio* di *grado* $p = n - (\nu_1 + \nu_2 + \cdots + \nu_h)$ e pertanto ha p *zeri*; tali "zeri" appartengono a $\mathbb{C} - \mathbb{C}'$, sono a due a due *numeri complessi coniugati* perché il *polinomio* $\widetilde{D}(z)$ appartiene a $\mathbb{C}'[z]$ e quindi ha i *coefficienti complessi reali* e gli zeri *coniugati tra loro* hanno lo stesso *ordine di molteplicità*.

Se $\beta \pm i\gamma$ è una di *tali coppie* di zeri e μ è l'*ordine di molteplicità* di ciascuno di essi, il polinomio $\widetilde{D}(z)$ è allora *divisibile* per il *polinomio*:

$$[(z - \beta - i\gamma) \cdot (z - \beta + i\gamma)]^\mu = [z^2 - 2\beta \cdot z + (\beta^2 + \gamma^2)]^\mu$$

§ 3.6 $\mathbb{C}'_F[z]$ isomorfo a $\mathbb{R}_F[x]$

e non per il *polinomio*:

$$[z^2 - 2\beta \cdot z + (\beta^2 + \gamma^2)]^{\mu+1}.$$

Eseguendo tale divisione si ha:

$$\widetilde{D}(z) = [z^2 - 2\beta \cdot z + (\beta^2 + \gamma^2)]^{\mu} \cdot \widetilde{D}_1(z).$$

Il *polinomio* $\widetilde{D}_1(z)$ ha *grado* $p - 2\mu$ e risulta $\widetilde{D}_1(\beta \pm i\gamma) \neq (0,0)$ [3].

Ciò premesso enunciamo ora il *teorema* che sta alla base della *formula di decomposizione* di $\dfrac{\widetilde{C}(z)}{\widetilde{D}(z)}$ che stiamo cercando.

Teorema 3.4 *Data una qualunque* frazione algebrica propria $\dfrac{\widetilde{C}(z)}{\widetilde{D}(z)}$ *di* $\mathbb{C}'_F[z]$, *se* $\beta \pm i\gamma$ *è una* coppia *di* zeri complessi coniugati *del polinomio* $\widetilde{D}(z)$ *di* ordine di molteplicità $\mu \geq 1$ *allora esistono:*

- *due sole* costanti $\widetilde{A}_\mu$ e $\widetilde{B}_\mu$ appartenenti a $\mathbb{C}'$

- *un solo* polinomio $\widetilde{C}_\mu(z)$ appartenente a $\mathbb{C}'[z]$ *di grado* $< p - 2\mu$

tali che risulti:

$$\frac{\widetilde{C}(z)}{\widetilde{D}(z)} = \frac{\widetilde{A}_\mu \cdot z + \widetilde{B}_\mu}{[z^2 - 2\beta \cdot z + (\beta^2 + \gamma^2)]^\mu} + \frac{\widetilde{C}_\mu(z)}{[z^2 - 2\beta \cdot z + (\beta^2 + \gamma^2)]^{\mu-1} \cdot \widetilde{D}_1(z)}$$

La *dimostrazione* di tale *teorema* è analoga a quella del *teorema 3.2*, solo un po' più lunga e, per ragioni di spazio, non la riportiamo.

Utilizzando lo stesso tipo di ragionamento seguito per dedurre dalla (3.3) la (3.9) e da questa la (3.10) arriviamo ad enunciare il seguente *teorema* analogo al *teorema 3.3*.

---

[3] Se fosse $\widetilde{D}_1(\beta \pm i\gamma) = (0,0)$ significherebbe che il polinomio $\widetilde{D}_1(z)$ è divisibile per $(z - \beta - i\gamma)$ e $(z - \beta + i\gamma)$ quindi l'ordine di molteplicità degli zeri della coppia $\beta \pm i\gamma$ non sarebbe μ ma $\mu + 1$.

Teorema 3.5 *Data una qualunque* frazione algebrica propria $\frac{C(z)}{D(z)}$ *di* $\mathbb{C}'_F[z]$ *sia* n *il* grado *del denominatore* $D(z)$.

Detti $\alpha_1, \alpha_2, \ldots, \alpha_h$ *i suoi* zeri *appartenenti a* $\mathbb{C}'$ *e* $\beta_1 \pm i\gamma_1$, $\beta_2 \pm i\gamma_2, \ldots, \beta_k \pm i\gamma_k$ *le sue* coppie di zeri complessi coniugati *appartenenti a* $\mathbb{C} - \mathbb{C}'$ *di ordine di molteplicità* rispettivamente $\nu_1, \nu_2, \ldots, \nu_h$ *e* $\mu_1, \mu_2, \ldots, \mu_k$, *sussiste per* $\frac{C(z)}{D(z)}$ *la seguente formula di decomposizione:*

$$\frac{C(z)}{D(z)} = \frac{A_{11}}{z - \alpha_1} + \frac{A_{12}}{(z - \alpha_1)^2} + \cdots + \frac{A_{1\nu_1}}{(z - \alpha_1)^{\nu_1}} + \quad (3.20)$$
$$+ \frac{A_{21}}{z - \alpha_2} + \frac{A_{22}}{(z - \alpha_2)^2} + \cdots + \frac{A_{2\nu_2}}{(z - \alpha_2)^{\nu_2}} +$$
$$+ \cdots\cdots\cdots\cdots\cdots\cdots\cdots\cdots\cdots\cdots +$$
$$+ \frac{A_{h1}}{z - \alpha_h} + \frac{A_{h2}}{(z - \alpha_h)^2} + \cdots + \frac{A_{h\nu_h}}{(z - \alpha_h)^{\nu_h}} +$$
$$+ \frac{\widetilde{A}_{11} \cdot z + \widetilde{B}_{11}}{z^2 - 2\beta_1 \cdot z + (\beta_1^2 + \gamma_1^2)} + \cdots + \frac{\widetilde{A}_{1\mu_1} \cdot z + \widetilde{B}_{1\mu_1}}{[z^2 - 2\beta_1 \cdot z + (\beta_1^2 + \gamma_1^2)]^{\mu_1}} +$$
$$+ \frac{\widetilde{A}_{21} \cdot z + \widetilde{B}_{21}}{z^2 - 2\beta_2 \cdot z + (\beta_2^2 + \gamma_2^2)} + \cdots + \frac{\widetilde{A}_{2\mu_2} \cdot z + \widetilde{B}_{2\mu_2}}{[z^2 - 2\beta_2 \cdot z + (\beta_2^2 + \gamma_2^2)]^{\mu_2}} +$$
$$+ \cdots\cdots\cdots\cdots\cdots\cdots\cdots\cdots\cdots\cdots +$$
$$+ \frac{\widetilde{A}_{k1} \cdot z + \widetilde{B}_{k1}}{z^2 - 2\beta_k \cdot z + (\beta_k^2 + \gamma_k^2)} + \cdots + \frac{\widetilde{A}_{k\mu_k} \cdot z + \widetilde{B}_{k\mu_k}}{[z^2 - 2\beta_k \cdot z + (\beta_k^2 + \gamma_k^2)]^{\mu_k}}$$

La *formula di decomposizione* (3.20) risolve il problema che ci siamo posti:
- le *frazioni algebriche proprie* del tipo:

$$\frac{A}{(z - \alpha)^p} \qquad e \qquad \frac{\widetilde{A} \cdot z + \widetilde{B}}{[z^2 - 2\beta \cdot z + (\beta^2 + \gamma^2)]^q} \qquad (3.21)$$

con: $A, \widetilde{A}, \widetilde{B}, \alpha \in \mathbb{C}'$; β e $\gamma \in \mathbb{R}$; p e $q \in \mathbb{N}$.
sono le uniche *frazioni algebriche elementari* di $\mathbb{C}'_F[z]$.

Le *frazioni algebriche proprie* di $\mathbb{R}_F[x]$ corrispondenti alle (3.21) nell'*isomorfismo* (3.18) sono le uniche *frazioni algebriche elementari* di tale insieme:

§ 3.7 Le funzioni razionali

$$\frac{A}{(x-\alpha)^p} \quad \text{e} \quad \frac{\widetilde{A}\cdot x + \widetilde{B}}{[x^2 - 2\beta\cdot x + (\beta^2 + \gamma^2)]^q} \qquad (3.22)$$

con: $A, \widetilde{A}, \widetilde{B}, \alpha, \beta$ e $\gamma \in \mathbb{R}$; p e $q \in \mathbb{N}$.

Se nella (3.20) sostituiamo quindi le *frazioni* di $\mathbb{C}'_F[z]$, che in essa compaiono, con le *frazioni* di $\mathbb{R}_F[x]$ ad esse corrispondenti nell'*isomorfismo* (3.18), otteniamo la *formula di decomposizione* per le *frazioni algebriche proprie* di $\mathbb{R}_F[x]$ che stiamo cercando.

Per ragioni di spazio non riscriviamo tale *formula*; l'ultima cosa che vogliamo dire a proposito di essa è che le *costanti*, che vi compaiono, possono essere determinate con il *metodo di identificazione* o di *variazione dell'argomento*.

Dopo questa lunga premessa, occupiamoci finalmente delle *funzioni razionali* per preparare il terreno alla ricerca delle loro *primitive* che, come abbiamo detto all'inizio del Capitolo, tratteremo nel libro "Integrazione di funzioni reali di una variabile reale".

3.7 Le funzioni razionali

Nel libro "Funzioni reali di una variabile reale", *paragrafo* 2.15 abbiamo detto:

- si chiama *funzione razionale* ogni funzione reale di una variabile reale che sia *funzione quoziente* di due *funzioni polinomiali* o *restrizioni* di esse.

La sua *legge d'associazione* f è rappresentata da una *frazione algebrica* di $\mathbb{R}_F[x]$ ed il suo *dominio* A è costituito dall'*insieme* $\mathbb{R}$ privato degli eventuali *zeri* (in $\mathbb{R}$) del *polinomio* che compare al *denominatore* della *frazione algebrica* che ne rappresenta la *legge di associazione*.

In altre parole, il *dominio* A:

- o è *tutto* $\mathbb{R}$

- o è un *unione di intervalli aperti* di $\mathbb{R}$ di cui *due illimitati*.

La generica *funzione razionale* si può quindi denotare così:

$$f : y = f(x) = \frac{C(x)}{D(x)} \quad , x \in A = \{x \in \mathbb{R} : D(x) \neq 0\}.$$

Se la *frazione algebrica* $\frac{C(x)}{D(x)}$ è una *frazione algebrica elementare* (una delle frazioni (3.22)) allora la *funzione razionale* è chiamata *funzione razionale elementare*.

Le uniche *funzioni razionali elementari* sono pertanto:

$$f : y = f(x) = \frac{A}{(x-\alpha)^p} \quad , x \in A = \mathbb{R} - \{\alpha\}$$

e

$$f : y = f(x) = \frac{\widetilde{A} \cdot x + \widetilde{B}}{[x^2 - \beta^2 \cdot x + (\beta^2 + \gamma^2)]^q} \quad , x \in A = \mathbb{R}$$

ove: $A, \widetilde{A}, \widetilde{B}, \alpha, \beta, \gamma \in \mathbb{R}$ e $p, q \in \mathbb{N}$.

Da quanto abbiamo detto circa le *frazioni algebriche* segue che:

– Se la *frazione algebrica*, che rappresenta la *legge d'associazione di una funzione razionale*, è una *frazione algebrica impropria* allora la *funzione razionale* può essere riguardata come *funzione somma* di due *funzioni*:

   – una $f_1 : y = f_1(x) = Q(x) \quad , x \in A \subseteq \mathbb{R}$ *polinomiale*
   – una $f_2 : y = f_2(x) = \frac{R(x)}{D(x)} \quad , x \in A \subseteq \mathbb{R}$ *razionale*

Quest'ultima a sua volta può essere poi:

o una *funzione razionale elementare*

o una *funzione somma* di *funzioni razionali elementari* (per quanto abbiamo detto sulle *frazioni algebriche proprie*)

In generale si ha:

$$f : y = f(x) = \frac{C(x)}{D(x)} = Q(x) + \frac{A_{11}}{x - \alpha_1} + \cdots + \frac{A_{1\nu_1}}{(x - \alpha_1)^{\nu_1}} +$$
$$+ \frac{A_{21}}{x - \alpha_2} + \frac{A_{22}}{(x - \alpha_2)^2} + \cdots + \frac{A_{2\nu_2}}{(x - \alpha_2)^{\nu_2}} +$$
$$+ \cdots \cdots \cdots \cdots \cdots \cdots \cdots \cdots \cdots \cdots \cdots +$$
$$+ \frac{A_{h1}}{x - \alpha_h} + \frac{A_{h2}}{(x - \alpha_h)^2} + \cdots + \frac{A_{h\nu_h}}{(x - \alpha_h)^{\nu_h}} +$$
$$+ \frac{\widetilde{A}_{11} \cdot x + \widetilde{B}_{11}}{x^2 - 2\beta_1 \cdot x + (\beta_1^2 + \gamma_1^2)} + \cdots + \frac{\widetilde{A}_{1\mu_1} \cdot x + \widetilde{B}_{1\mu_1}}{[x^2 - 2\beta_1 \cdot x + (\beta_1^2 + \gamma_1^2)]^{\mu_1}} +$$
$$+ \frac{\widetilde{A}_{21} \cdot x + \widetilde{B}_{21}}{x^2 - 2\beta_2 \cdot x + (\beta_2^2 + \gamma_2^2)} + \cdots + \frac{\widetilde{A}_{2\mu_2} \cdot x + \widetilde{B}_{2\mu_2}}{[x^2 - 2\beta_2 \cdot x + (\beta_2^2 + \gamma_2^2)]^{\mu_2}} +$$
$$+ \cdots \cdots \cdots \cdots \cdots \cdots \cdots \cdots \cdots \cdots \cdots +$$
$$+ \frac{\widetilde{A}_{k1} \cdot x + \widetilde{B}_{k1}}{x^2 - 2\beta_k \cdot x + (\beta_k^2 + \gamma_k^2)} + \cdots + \frac{\widetilde{A}_{k\mu_k} \cdot x + \widetilde{B}_{k\mu_k}}{[x^2 - 2\beta_k \cdot x + (\beta_k^2 + \gamma_k^2)]^{\mu_k}},$$
$$x \in A = \mathbb{R} - \{\alpha_1, \alpha_2, \ldots, \alpha_h\} \quad (3.23)$$

Vediamo ora come diventa questa importante *formula di decomposizione* in casi particolari.

3.8 La formula di decomposizione (3.23) in casi particolari

Nei *casi particolari* che tratteremo, le *costanti* che compaiono nei *numeratori* delle *frazioni* che costituiscono il *secondo membro* della (3.23), verranno munite di un solo *indice* perché, come lo Studente si renderà conto, uno degli *indici* diventerà superfluo.

1° caso particolare

La *frazione algebrica*
$$\frac{C(x)}{D(x)},$$
che rappresenta la *legge d'associazione* della *funzione razionale*, è *propria*, cioè:
$$\text{grado } C(x) < \text{grado } D(x) = n$$
ed il *polinomio* $D(x)$ ha gli n *zeri reali* e *distinti*:
$$\alpha_1, \alpha_2, \ldots, \alpha_n.$$

In questo caso la (3.23) diventa:

$$f : y = f(x) = \frac{C(x)}{D(x)} = \frac{A_1}{x - \alpha_1} + \frac{A_2}{x - \alpha_2} + \cdots + \frac{A_n}{x - \alpha_n},$$
$$x \in A = \mathbb{R} - \{\alpha_1, \alpha_2, \ldots, \alpha_n\} \quad (3.24)$$

Le *costanti* $A_1, A_2, \ldots, A_n$ si possono determinare sia con il *metodo di identificazione* che con *quello di variazione dell'argomento*; di tali *metodi* abbiamo parlato nel *paragrafo* 3.4.

In alternativa a tali *metodi* possiamo procedere così:
Se vogliamo ad esempio *determinare* la *costante* A_1, moltiplichiamo *ambo i membri* dell'*uguaglianza*

$$\frac{C(x)}{D(x)} = \frac{A_1}{x - \alpha_1} + \frac{A_2}{x - \alpha_2} + \cdots + \frac{A_n}{x - \alpha_n}$$

per $\quad x - \alpha_1 \quad$ ottenendo così *quest'altra uguaglianza*:

$$\frac{(x - \alpha_1) \cdot C(x)}{D(x)} = \cancel{(x - \alpha_1)} \cdot \frac{A_1}{\cancel{x - \alpha_1}} + (x - \alpha_1) \cdot \left[\frac{A_2}{x - \alpha_2} + \cdots + \frac{A_n}{x - \alpha_n} \right]$$

Eseguendo su ambo i membri di quest'ultima l'*operazione di limite* per $x \to \alpha_1$, si ha:

$$A_1 = \lim_{x \to \alpha_1} \frac{(x - \alpha_1) \cdot C(x)}{D(x)} = \frac{0}{0} \stackrel{H}{=} \lim_{x \to \alpha_1} \frac{C(x) + (x - \alpha_1) \cdot C'(x)}{D'(x)} = \frac{C(\alpha_1)}{D'(\alpha_1)}$$

§ 3.8 La formula di decomposizione (3.23) in casi particolari

Ragionando nello stesso modo si possono *determinare* le *costanti*: $A_2, A_3, \ldots, A_n$.

In definitiva avremo:

$$A_1 = \frac{C(\alpha_1)}{D'(\alpha_1)} \;,\; A_2 = \frac{C(\alpha_2)}{D'(\alpha_2)} \;,\; A_3 = \frac{C(\alpha_3)}{D'(\alpha_3)} \;,\ldots,\; A_n = \frac{C(\alpha_n)}{D'(\alpha_n)}. \quad (3.25)$$

Per il *teorema* 2.11 infatti, sicuramente risulta:

$$D'(\alpha_1) \neq 0 \;,\; D'(\alpha_2) \neq 0 \;,\ldots,\; D'(\alpha_n) \neq 0$$

perché $\alpha_1, \alpha_2, \ldots, \alpha_n$ sono *zeri* del *polinomio* $D(x)$ di *ordine di molteplicità* $\nu_1 = \nu_2 = \cdots = \nu_n = 1$.

2º caso particolare

La *frazione algebrica*

$$\frac{C(x)}{D(x)}$$

che rappresenta la *legge d'associazione* della *funzione razionale*, è anche in questo caso *propria*, cioè:

$$\text{grado } C(x) < \text{grado } D(x) = n$$

ed il *polinomio* $D(x)$ ha gli *n zeri distinti* ma *non tutti reali*:
Siano $\alpha_1, \alpha_2, \ldots, \alpha_h$ gli *zeri reali*
e
$\beta_1 \pm i\gamma_1, \beta_2 \pm i\gamma_2, \ldots, \beta_k \pm i\gamma_k$ le *coppie di zeri complessi coniugati* con $h + 2k = n$.

In questo caso la (3.23) diventa:

$$f : y = f(x) = \frac{C(x)}{D(x)} = \frac{A_1}{x - \alpha_1} + \cdots + \frac{A_h}{x - \alpha_h} +$$
$$+ \frac{\widetilde{A}_1 \cdot x + \widetilde{B}_1}{x^2 - \beta_1^2 \cdot x + (\beta_1^2 + \gamma_1^2)} + \cdots + \frac{\widetilde{A}_k \cdot x + \widetilde{B}_k}{x^2 - \beta_k^2 \cdot x + (\beta_k^2 + \gamma_k^2)},$$
$$x \in A = \mathbb{R} - \{\alpha_1, \alpha_2, \ldots, \alpha_h\} \quad (3.26)$$

Le *costanti* $A_1, A_2, \ldots, A_h$ si possono determinare ripetendo il ragionamento fatto nel *caso precedente*; si ha quindi:

$$A_1 = \frac{C(\alpha_1)}{D'(\alpha_1)} \quad , A_2 = \frac{C(\alpha_2)}{D'(\alpha_2)} \quad , \ldots, A_n = \frac{C(\alpha_n)}{D'(\alpha_n)}.$$

Le *altre*: $\widetilde{A}_1, \widetilde{B}_1, \widetilde{A}_2, \widetilde{B}_2, \ldots, \widetilde{A}_k, \widetilde{B}_k$, con il *metodo di identificazione* o con *quello di variazione dell'argomento*.

Nei *due casi particolari* trattati, gli *zeri* del *polinomio* $D(x)$ sono tutti *distinti* quindi tutti di *ordine* di *molteplicità* $\nu = 1$.

Nel caso in cui il *polinomio* $D(x)$ avesse *uno* o *più zeri* di *ordine di molteplicità* $\nu > 1$, allora l'uso della *formula di decomposizione* (3.23) diventa poco pratico perché i *calcoli* per la *determinazione* delle *costanti* che in essa compaiono sono lunghi e tediosi.[4]

In tal caso è più conveniente l'uso di un'altra *formula di decomposizione* delle *frazioni algebriche proprie*: la *formula di decomposizione di Hermite*.

Vediamo come è fatta!

3.9 La formula di decomposizione di Hermite

Per ragioni di spazio non ci mettiamo qui a discutere l'*idea* che sta alla base della *formula di decomposizione di Hermite* ma ci limitiamo a:

- dire che è stata dedotta dalla (3.23)

- enunciare il *teorema* che ne assicura la validità

- illustrarne l'*uso* con un paio di esempi.

Prima di enunciare il suddetto *teorema*, al fine di snellire le *notazioni*, facciamo due *convenzioni*:

---

[4]In realtà vi è un'altra ragione che lo Studente comprenderà quando, nel libro "Integrazione delle funzioni reali di una variabile reale", affronteremo il problema della ricerca delle *primitive* delle *funzioni razionali*.

§ 3.9 La formula di decomposizione di Hermite

1. Come nel *paragrafo precedente*, le *costanti* che compariranno in tale *formula*, saranno munite di *un solo indice* anziché di *due*.

2. Se $\beta \pm i\gamma$ è una *coppia di zeri complessi coniugati* del *polinomio* $D(x)$, il *polinomio irriducibile* di 2° *grado* di cui essi sono *zeri*, verrà denotato con:

$$x^2 + bx + c \qquad \text{anziché con } x^2 - 2\beta \cdot x + (\beta^2 + \gamma^2)$$

In base a questa ultima *convenzione*, se:

- $\beta_1 \pm i\gamma_1$ e $\beta_2 \pm i\gamma_2$ sono *due coppie* di *zeri complessi* di $D(x)$, i *polinomi irriducibili* di 2° *grado* di cui gli *zeri* di *ciascuna coppia* sono *zeri*, verranno denotati rispettivamente con

$$x^2 + b_1 x + c_1 \qquad \text{e} \qquad x^2 + b_2 x + c_2$$

anzichè con

$$x^2 - 2\beta_1 \cdot x + (\beta_1^2 + \gamma_1^2) \qquad \text{e } x^2 - 2\beta_2 \cdot x + (\beta_2^2 + \gamma_2^2)$$

Ciò premesso, ecco il *teorema*!

Teorema 3.6 *Data la* funzione razionale propria

$$f; y = f(x) = \frac{C(x)}{D(x)} \quad , \quad x \in A \subseteq \mathbb{R}$$

sia n in grado *di* $D(x)$.
  Se il polinomio $D(x)$ *ha h* zeri reali *e* distinti

$$\alpha_1, \alpha_2, \ldots, \alpha_h$$

di ordine di molteplicità *rispettivamente*

$$\nu_1, \nu_2, \ldots, \nu_h$$

e k coppie di zeri complessi coniugati

$$\beta_1 \pm i\gamma_1, \beta_2 \pm i\gamma_2, \ldots, \beta_k \pm i\gamma_k$$

di ordine di molteplicità *rispettivamente*

$$\mu_1, \mu_2, \ldots, \mu_k$$

allora
sussiste la seguente formula di decomposizione *nota come* formula di decomposizione di Hermite*:*

$$f : y = f(x) = \frac{C(x)}{D(x)} = \sum_{i=1}^{h} \frac{A_i}{x - \alpha_i} + \sum_{j=1}^{k} \frac{\widetilde{A}_{ij}x + B_j}{x^2 + b_j x + c_j} +$$

$$+ \frac{d}{dx}\left(\frac{p(x)}{(x-\alpha_1)^{\nu_1-1}\cdots(x-\alpha_h)^{\nu_h-1}\cdot(x^2+b_1x+c_1)^{\mu_1-1}\cdots(x^2+b_kx+c_k)^{\mu_k-1}}\right),$$

$$x \in A = \mathbb{R} - \{\alpha_1, \alpha_2, \ldots, \alpha_h\} \quad (3.27)$$

ove
$p(x)$ è *un* polinomio *di grado* minore di uno *del grado* del denominatore.

Prima di procedere alla *determinazione delle costanti* che compaiono nella (3.27), occorre eseguire l'*operazione di derivazione* che in essa compare.

È conveniente eseguire tale *operazione* pensando la *funzione da derivare* come una *funzione prodotto* anziché come *funzione quoziente*.

Fissiamo le idee con un *esempio*.

Esempio 3.2 *Decomporre la* funzione razionale

$$f : y = f(x) = \frac{2x^2 - 3}{x^4 - x^3} \quad, x \in A = (-\infty, 0) \cup (0, 1) \cup (1, +\infty)$$

secondo la formula di decomposizione di Hermite.
Il polinomio $D(x)$ è*:*

$$D(x) = x^4 - x^3 = x^3(x-1).$$

I suoi zeri sono:

- $\alpha_1 = 0$ *di ordine di molteplicità* $\nu_1 = 3$

§ 3.9 La formula di decomposizione di Hermite

- $\alpha_2 = 1$ *di* ordine di molteplicità $\nu_2 = 1$

Utilizzando la formula di decomposizione di Hermite *possiamo scrivere:*

$$\begin{aligned}\frac{2x^2-3}{x^3\cdot(x-1)} &= \frac{A_1}{x}+\frac{A_2}{x-1}+\frac{d}{dx}\left(\frac{Ax+B}{x^2}\right)= \\ &= \frac{A_1}{x}+\frac{A_2}{x-1}+\frac{d}{dx}\left((Ax+B)\cdot x^{-2}\right)= \\ &= \frac{A_1}{x}+\frac{A_2}{x-1}+\frac{A}{x^2}+(Ax+B)\cdot(-2)x^{-3}= \\ &= \frac{A_1}{x}+\frac{A_2}{x-1}+\frac{A}{x^2}-\frac{2(Ax+B)}{x^3}= \\ &= \frac{A_1}{x}+\frac{A_2}{x-1}-\frac{A}{x^2}-\frac{2B}{x^3}\end{aligned}$$

quindi:

$$\frac{2x^2-3}{x^3\cdot(x-1)}=\frac{A_1}{x}+\frac{A_2}{x-1}-\frac{A}{x^2}-\frac{2B}{x^3}$$

Moltiplicando ambo i membri dell'ultima uguaglianza scritta per $D(x)=x^3\cdot(x-1)$, *si ottiene quest'altra uguaglianza:*

$$2x^2-3=A_1x^2(x-1)+A_2x^3-Ax(x-1)-2B(x-1).$$

Facendo i calcoli si ha:

$$2x^2-3=(A_1+A_2)x^3-(A_1+A)x^2+(A-2B)x+2B.$$

Applicando il metodo di identificazione *si ottiene il* sistema lineare

$$\begin{cases}A_1+A_2=0\\-(A_1+A)=2\\A-2B=0\\2B=-3\end{cases}$$

Risolvendo quest'ultimo si ha:

$$A_1=1\quad;\quad A_2=-1\quad;\quad A=-3\quad;\quad B=-\frac{3}{2}$$

quindi la formula di decomposizione di Hermite è:

$$f(x) = \frac{1}{x} - \frac{1}{x-1} + \frac{d}{dx}\left(\frac{-3x - \frac{3}{2}}{x^2}\right) \quad , x \in A = (-\infty, 0) \cup (0, 1) \cup (1, +\infty).$$

Con questo, il programma, che c'eravamo prefissato in questo Capitolo, è terminato.

Anche qui, come negli altri *Capitoli*, esortiamo lo Studente a risolvere gli esercizi proposti per fissare bene i *concetti* che abbiamo esposto.

Il contenuto del libro mostrerà tutta la sua utilità nella *ricerca delle primitive* delle *funzioni razionali*, che faremo nel libro "Integrazione di funzioni reali di una variabile reale".

Esercizi sull'argomento trattato nel Capitolo 3

Sulla decomposizione delle funzioni razionali

Esercizio 3.1 *Scrivere le seguenti* funzioni razionali *come somma di* funzioni razionali elementari:

a)
$$f : y = f(x) = \frac{C(x)}{D(x)} = \frac{1}{x^2 - 4x + 3} \quad ,$$
$$x \in A = \{x \in \mathbb{R} : D(x) \neq 0\}$$

b)
$$f : y = f(x) = \frac{C(x)}{D(x)} = \frac{7x + 4}{(x - 2) \cdot (x + 4)} \quad ,$$
$$x \in A = \{x \in \mathbb{R} : D(x) \neq 0\}$$

c)
$$f : y = f(x) = \frac{C(x)}{D(x)} = \frac{2x^2 + 41x - 91}{(x - 1)(x + 3)(x - 4)} \quad ,$$
$$x \in A = \{x \in \mathbb{R} : D(x) \neq 0\}$$

d)
$$f : y = f(x) = \frac{C(x)}{D(x)} = \frac{x^2}{x^4 - 5x^2 + 4},$$
$$x \in A = \{x \in \mathbb{R} : D(x) \neq 0\}$$

e)
$$f : y = f(x) = \frac{C(x)}{D(x)} = \frac{x}{(x-1)(x+1)(x^2+1)},$$
$$x \in A = \{x \in \mathbb{R} : D(x) \neq 0\}$$

f)
$$f : y = f(x) = \frac{C(x)}{D(x)} = \frac{x+1}{(x^2+1) \cdot (x^2+4)},$$
$$x \in A = \{x \in \mathbb{R} : D(x) \neq 0\}$$

Esercizio 3.2 *Dopo aver decomposto le seguenti funzioni razionali come somma di una funzione polinomiale e di una funzione razionale, scrivere quest'ultima come somma di funzioni razionali elementari:*

a)
$$f : y = f(x) = \frac{C(x)}{D(x)} = \frac{x^2 + x - 4}{x^2 - 2x - 3},$$
$$x \in A = \{x \in \mathbb{R} : D(x) \neq 0\}$$

b)
$$f : y = f(x) = \frac{C(x)}{D(x)} = \frac{2x^3 + 7x^2 + 8x + 2}{x^2 + 3x + 2},$$
$$x \in A = \{x \in \mathbb{R} : D(x) \neq 0\}$$

c)
$$f : y = f(x) = \frac{C(x)}{D(x)} = \frac{x^3 - x}{x^2 + 4x + 13} \ ,$$
$$x \in A = \{x \in \mathbb{R} : D(x) \neq 0\}$$

d)
$$f : y = f(x) = \frac{C(x)}{D(x)} = \frac{x^4 - x^3 - x - 1}{x^3 - x^2} \ ,$$
$$x \in A = \{x \in \mathbb{R} : D(x) \neq 0\}$$

Esercizio 3.3 *Decomporre le seguenti* funzioni razionali *utilizzando la formula di decomposizione di Hermite:*

a)
$$f : y = f(x) = \frac{C(x)}{D(x)} = \frac{x^2}{x^4 + 2x^3 + 3x^2 + 2x + 1} \ ,$$
$$x \in A = \{x \in \mathbb{R} : D(x) \neq 0\}$$

b)
$$f : y = f(x) = \frac{C(x)}{D(x)} = \frac{x^6 + 2x^4 + 2x^2 - 1}{x \cdot (x^2 + 1)^2} \ ,$$
$$x \in A = \{x \in \mathbb{R} : D(x) \neq 0\}$$

c)
$$f : y = f(x) = \frac{C(x)}{D(x)} = \frac{x^2 + 1}{(x^2 - 1)^2} \ ,$$
$$x \in A = \{x \in \mathbb{R} : D(x) \neq 0\}$$

d)
$$f : y = f(x) = \frac{C(x)}{D(x)} = \frac{1}{(x^2+9)^2},$$
$$x \in A = \{x \in \mathbb{R} : D(x) \neq 0\}$$

A titolo di esempio risolviamo gli *esercizi 3.1a, 3.1b, 3.1d, 3.1e, 3.1f, 3.2a, 3.2c, 3.3a, 3.3d.*

Esercizio 3.1a
La *frazione algebrica* $\frac{C(x)}{D(x)}$, che rappresenta la *legge d'associazione f* della *funzione razionale assegnata*, è *propria*.

Gli *zeri* del *polinomio* $D(x) = x^2 - 4x + 3$, che si trovano risolvendo l'*equazione* $D(x) = 0$, sono:

$$\alpha_1 = 1 \quad \text{e} \quad \alpha_2 = 3$$

Essendo essi *reali* e *distinti*, siamo nel 1° *caso particolare* trattato nel *paragrafo* 3.8 e quindi la *formula di decomposizione* della *frazione algebrica* $\frac{C(x)}{D(x)}$ è la (3.24). Nel nostro caso si ha:

$$\frac{C(x)}{D(x)} = \frac{1}{x^2 - 4x + 3} = \frac{A_1}{x-1} + \frac{A_2}{x-3}$$

Le *costanti* A_1 ed A_2 possono essere *determinate* con le *formule* (3.25); si ha allora:

$$A_1 = \frac{C(1)}{D'(1)} = -\frac{1}{2} \quad \text{ed} \quad A_2 = \frac{C(3)}{D'(3)} = \frac{1}{2}.$$

In definitiva:

$$f : y = f(x) = \frac{C(x)}{D(x)} = \frac{1}{x^2 - 4x + 3} = -\frac{1}{2(x-1)} + \frac{1}{2(x-3)},$$
$$x \in A = \mathbb{R} - \{1, 3\}.$$

Esercizio 3.1b
La *frazione algebrica* $\frac{C(x)}{D(x)}$, che rappresenta la *legge d'associazione f* della *funzione razionale assegnata*, è *propria*.

Gli *zeri* del *polinomio* $D(x) = (x-2) \cdot (x+4)$, sono:

$$\alpha_1 = 2 \quad \text{e} \quad \alpha_2 = -4$$

Essendo essi *reali* e *distinti*, siamo nel 1° *caso particolare* trattato nel *paragrafo* 3.8 e quindi la *formula di decomposizione* della *frazione algebrica* $\frac{C(x)}{D(x)}$ è la (3.24). Nel nostro caso si ha:

$$\frac{C(x)}{D(x)} = \frac{7x+4}{(x-2) \cdot (x+4)} = \frac{A_1}{x-2} + \frac{A_2}{x+4}$$

Le *costanti* A_1 ed A_2 possono essere *determinate* con le *formule* (3.25); si ha allora:

$$A_1 = \frac{C(\alpha_1)}{D'(\alpha_1)} = \frac{C(2)}{D'(2)} = \frac{18}{6} = 3$$

$$A_2 = \frac{C(\alpha_2)}{D'(\alpha_2)} = \frac{C(-4)}{D'(-4)} = \frac{-24}{-6} = 4$$

In definitiva:

$$f : y = f(x) = \frac{C(x)}{D(x)} = \frac{7x+4}{(x-2) \cdot (x+4)} = \frac{3}{x-2} + \frac{4}{x+4},$$

$$x \in A = \mathbb{R} - \{2, -4\}.$$

Esercizio 3.1d
La *frazione algebrica* $\frac{C(x)}{D(x)}$, che rappresenta la *legge d'associazione f* della *funzione razionale assegnata*, è *propria*.

Gli *zeri* del *polinomio* $D(x) = x^4 - 5x^2 + 4$, che si trovano risolvendo l'*equazione biquadratica* $D(x) = 0$, sono:

$$\alpha_1 = -1 \quad , \quad \alpha_2 = 1 \quad , \quad , \alpha_3 = -2 \quad \text{e} \quad \alpha_4 = 2$$

Essendo essi *reali* e *distinti*, siamo nel 1° *caso particolare* trattato nel *paragrafo* 3.8 e quindi la *formula di decomposizione* della *frazione algebrica* $\frac{C(x)}{D(x)}$ è la (3.24). Nel nostro caso si ha:

$$\frac{C(x)}{D(x)} = \frac{x^2}{x^4 - 5x^2 + 4} = \frac{A_1}{x+1} + \frac{A_2}{x-1} + \frac{A_3}{x+2} + \frac{A_4}{x-2}$$

Le *costanti* A_1, A_2, A_3 ed A_4 possono essere *determinate* con le *formule* (3.25); si ha allora:

$$A_1 = \frac{C(-1)}{D'(-1)} = \frac{1}{6}; A_2 = \frac{C(1)}{D'(1)} = -\frac{1}{6}; A_3 = \frac{C(-2)}{D'(-2)} = -\frac{1}{3}; A_4 = \frac{C(2)}{D'(2)} = \frac{1}{3}$$

In definitiva:

$$f : y = f(x) = \frac{C(x)}{D(x)} = \frac{x^2}{x^4 - 5x^2 + 4} =$$
$$= \frac{1}{6(x+1)} - \frac{1}{6(x-1)} - \frac{1}{3(x+2)} + \frac{1}{3(x-2)},$$
$$x \in A = \mathbb{R} - \{\pm 1, \pm 2\}$$

Esercizio 3.1e
La *frazione algebrica* $\frac{C(x)}{D(x)}$, che rappresenta la *legge d'associazione* f della *funzione razionale* assegnata, è propria.

Poiché gli *zeri* del *polinomio*

$$D(x) = (x-1) \cdot (x+1) \cdot (x^2+1)$$

sono tutti *distinti* ma *non tutti reali*:

$$\alpha_1 = 1 , \ \alpha_2 = -1 , \ \beta \pm i\gamma = \pm i ,$$

siamo nel 2° *caso particolare* trattato nel *paragrafo* 3.8 e quindi la *formula di decomposizione* della *frazione algebrica* $\frac{C(x)}{D(x)}$ è la (3.26) e quindi nel nostro caso si ha:

$$\frac{C(x)}{D(x)} = \frac{x}{(x-1) \cdot (x+1) \cdot (x^2+1)} = \frac{A_1}{x-1} + \frac{A_2}{x+1} + \frac{\widetilde{A}x + \widetilde{B}}{x^2+1} \quad (3.28)$$

Le *costanti* A_1 ed A_2, come abbiamo detto nel *paragrafo* 3.8, possono essere determinate con le *formule* (3.26), mentre le *costanti* $\widetilde{A}$ e $\widetilde{B}$, con il *metodo di identificazione* o con quello di *variazione dell'argomento*.

Determiniamo A_1 ed A_2!

Si ha:

$$A_1 = \frac{C(1)}{D'(1)} = \frac{1}{4} \quad \text{ed} \quad A_2 = \frac{C(-1)}{D'(-1)} = \frac{-1}{-4} = \frac{1}{4}.$$

Sostituendo tali valori nella (3.28), quest'ultima diviene:

$$\frac{x}{(x-1)\cdot(x+1)\cdot(x^2+1)} = \frac{1}{4(x-1)} + \frac{1}{4(x+1)} + \frac{\widetilde{A}x + \widetilde{B}}{x^2+1} \quad ;$$

moltiplicando ambo i membri per il *polinomio* $4\cdot D(x)$, otteniamo quest'altra *identità*:

$$4x = (x+1)\cdot(x^2+1) + (x-1)\cdot(x^2+1) + 4(\widetilde{A}x + \widetilde{B})\cdot(x-1)\cdot(x+1)$$

da cui, facendo i calcoli, segue:

$$4x = (2 + 4\widetilde{A})x^3 + 4\widetilde{B}x^2 + (2 - 4\widetilde{A})x - 4\widetilde{B}.$$

Applicando a quest'ultima identità il *metodo di identificazione*, si ha il sistema lineare:

$$\begin{cases} 2 + 4\widetilde{A} = 0 \\ 4\widetilde{B} = 0 \\ 2 - 4\widetilde{A} = 4 \\ \widetilde{B} = 0 \end{cases}$$

nelle incognite $\widetilde{A}$ e $\widetilde{B}$.

Risolvendo tale *sistema* otteniamo:

$$\widetilde{A} = -\frac{1}{2} \quad \text{e} \quad \widetilde{B} = 0.$$

In definitiva:
$$f : y = f(x) = \frac{C(x)}{D(x)} = \frac{x}{(x-1)\cdot(x+1)\cdot(x^2+1)} =$$
$$= \frac{1}{4(x-1)} + \frac{1}{4(x+1)} - \frac{x}{2(x^2+1)} \quad , x \in A = \mathbb{R} - \{\pm 1\}.$$

Esercizio 3.1f
La *frazione algebrica* $\frac{C(x)}{D(x)}$, che rappresenta la *legge d'associazione f* della *funzione razionale assegnata*, è *propria*.
Poiché gli *zeri* del *polinomio*
$$D(x) = (x^2+1)\cdot(x^2+4)$$
sono *tutti distinti* ma *non reali*:
$$\beta_1 \pm i\gamma_1 = \pm i \quad , \quad \beta_2 \pm i\gamma_2 = \pm 2i$$
siamo nel *2° caso particolare* trattato nel *paragrafo* 3.8 e quindi la *formula di decomposizione* della *frazione algebrica* $\frac{C(x)}{D(x)}$ è la (3.26); nel nostro caso si ha:
$$\frac{C(x)}{D(x)} = \frac{x+1}{(x^2+1)\cdot(x^2+4)} = \frac{\widetilde{A}_1 x + \widetilde{B}_1}{x^2+1} + \frac{\widetilde{A}_2 x + \widetilde{B}_2}{x^2+4}.$$

Moltiplicando ambo i membri per il *polinomio* $D(x)$, otteniamo quest'altra *identità*:
$$x+1 = (\widetilde{A}_1 x + \widetilde{B}_1)\cdot(x^2+4) + (\widetilde{A}_2 x + \widetilde{B}_2)\cdot(x^2+1),$$
da cui, facendo i calcoli, segue:
$$x+1 = (\widetilde{A}_1 + \widetilde{A}_2)x^3 + (\widetilde{B}_1 + \widetilde{B}_2)x^2 + (4\widetilde{A}_1 + \widetilde{A}_2)x + (4\widetilde{B}_1 + \widetilde{B}_2).$$

Applicando a quest'*ultima identità* il *metodo di identificazione*, si ha il *sistema lineare*:
$$\begin{cases} \widetilde{A}_1 + \widetilde{A}_2 = 0 \\ \widetilde{B}_1 + \widetilde{B}_2 = 0 \\ 4\widetilde{A}_1 + \widetilde{A}_2 = 1 \\ 4\widetilde{B}_1 + \widetilde{B}_2 = 1 \end{cases}$$

nelle incognite $\tilde{A}_1, \tilde{B}_1, \tilde{A}_2$ e $\tilde{B}_2$.

Risolvendo quest'ultimo, si ha:

$$\tilde{A}_1 = \frac{1}{3}, \tilde{B}_1 = \frac{1}{3}, \tilde{A}_2 = -\frac{1}{3} \text{ e } \tilde{B}_2 = -\frac{1}{3}.$$

In definitiva:

$$f : y = f(x) = \frac{C(x)}{D(x)} = \frac{x+1}{(x^2+1)\cdot(x^2+4)} = \frac{x+1}{3(x^2+1)} - \frac{x+1}{3(x^2+4)},$$
$$x \in A = \mathbb{R}$$

Esercizio 3.2a

La *frazione algebrica* $\frac{C(x)}{D(x)}$, che rappresenta la *legge d'associazione f* della *funzione razionale assegnata*, è *impropria*.

Eseguendo la *divisione* tra $C(x)$ e $D(x)$ si ha:

$$\frac{C(x)}{D(x)} = \frac{x^2 + x - 4}{x^2 - 2x - 3} = 1 + \frac{3x - 1}{x^2 - 2x - 3}.$$

Gli *zeri* del *polinomio* $D(x) = x^2 - 2x - 3$ sono:

$$\alpha_1 = 3 \quad \text{ed} \quad \alpha_2 = -1.$$

Essendo essi *reali* e *distinti*, siamo nel 1° *caso particolare* trattato nel *paragrafo* 3.8 e quindi la *formula di decomposizione* della *frazione algebrica*

$$\frac{R(x)}{D(x)}$$

è la (3.24).

Nel nostro caso si ha:

$$\frac{R(x)}{D(x)} = \frac{3x - 1}{x^2 - 2x - 3} = \frac{A_1}{x - 3} + \frac{A_2}{x + 1}.$$

Le *costanti* A_1 ed A_2 possono essere *determinate* con le *formule* (3.25); si ha allora:

$$A_1 = \frac{R(3)}{D'(3)} = \frac{8}{4} = 2 \quad \text{ed} \quad A_2 = \frac{R(-1)}{D'(-1)} = \frac{-4}{-4} = 1.$$

In definitiva:
$$f : y = f(x) = \frac{C(x)}{D(x)} = 1 + \frac{2}{x-3} + \frac{1}{x+1}, x \in A = \mathbb{R} - \{3, -1\}.$$

Esercizio 3.2c
La *frazione algebrica* $\frac{C(x)}{D(x)}$, che rappresenta la *legge d'associazione f* della *funzione razionale assegnata*, è *impropria*.
Eseguendo la *divisione* tra $C(x)$ e $D(x)$ si ha:
$$\frac{C(x)}{D(x)} = \frac{x^3 - x}{x^2 + 4x + 13} = x - 4 + \frac{2x + 52}{x^2 + 4x + 13}.$$

Poiché il *polinomio* $D(x) = x^2 + 4x + 13$ ha il $\Delta < 0$, concludiamo che la *frazione*
$$\frac{R(x)}{D(x)} = \frac{2x + 52}{x^2 + 4x + 13}$$
è una *frazione algebrica elementare*.

In definitiva:
$$f : y = f(x) = \frac{C(x)}{D(x)} = x - 4 + \frac{2x + 52}{x^2 + 4x + 13}, x \in A = \mathbb{R}.$$

Esercizio 3.3a
La *frazione algebrica* $\frac{C(x)}{D(x)}$, che rappresenta la *legge d'associazione f* della *funzione razionale assegnata*, è *propria*.
Poiché possiamo scrivere il *polinomio*
$$D(x) = x^4 + 2x^3 + 3x^2 + 2x + 1$$
così:
$$D(x) = (x^2 + x + 1)^2$$
ed il *polinomio* $x^2 + x + 1$ ha il $\Delta < 0$, concludiamo che il *polinomio* $D(x)$ ha una *coppia di zeri complessi coniugati* di *ordine di molteplicità* $\nu = 2$.

Utilizzando la *formula di decomposizione di Hermite*, possiamo scrivere allora:

$$f : y = f(x) = \frac{C(x)}{D(x)} = \frac{x^2}{x^4+2x^3+3x^2+2x+1} = \frac{x^2}{(x^2+x+1)^2} =$$

$$= \frac{\widetilde{A}x+\widetilde{B}}{x^2+x+1} + \frac{d}{dx}\left(\frac{Mx+N}{x^2+x+1}\right), x \in A = \mathbb{R}$$

Procedendo alla determinazione delle *costanti*, dopo aver eseguito l'*operazione di derivazione*, otteniamo:

$$\widetilde{A} = 0 \; ; \; \widetilde{B} = \frac{2}{3} \; ; \; M = -\frac{1}{3} \; ; \; N = \frac{1}{3}.$$

In definitiva:

$$f : y = f(x) = \frac{C(x)}{D(x)} = \frac{x^2}{x^4 + 2x^3 + 3x^2 + 2x + 1} = \frac{x^2}{(x^2 + x + 1)^2} =$$

$$= \frac{2}{3(x^2 + x + 1)} + \frac{d}{dx}\left(\frac{-x + 1}{3(x^2 + x + 1)}\right),$$

$$x \in A = \mathbb{R}$$

Esercizio 3.3d
La *frazione algebrica* $\frac{C(x)}{D(x)}$, che rappresenta la *legge d'associazione* f della *funzione razionale assegnata*, è propria.
Gli *zeri* del *polinomio* $D(x) = (x^2 + 9)^2$ sono

$$\beta \pm i\gamma = \pm 3i \quad \text{di ordine di molteplicità } \nu = 2.$$

Utilizzando la *formula di decomposizione di Hermite*, possiamo scrivere:

$$f : y = f(x) = \frac{C(x)}{D(x)} = \frac{1}{x^2 + 9} = \frac{\widetilde{A}x + \widetilde{B}}{x^2 + 9} + \frac{d}{dx}\left(\frac{Mx + N}{x^2 + 9}\right), x \in A = \mathbb{R}$$

Eseguendo i calcoli come nell'esercizio precedente, otteniamo:

$$\widetilde{A} = N = 0 \; ; \; \widetilde{B} = M = \frac{1}{18}.$$

In definitiva:

$$f : y = f(x) = \frac{C(x)}{D(x)} = \frac{1}{18(x^2+9)} + \frac{d}{dx}\left(\frac{x}{18(x^2+9)}\right),$$

$$x \in A = \mathbb{R}$$

Risposte agli esercizi del Capitolo 3

Sulla decomposizione di funzioni razionali

Risposta 3.1

c) $f : y = f(x) = \frac{C(x)}{D(x)} = \frac{2x^2+41x-91}{(x-1)(x+3)(x-4)} = \frac{4}{x-1} - \frac{7}{x+3} + \frac{5}{x-4}$,
$x \in A = \mathbb{R} - \{1, -3, 4\}$.

Risposta 3.2

b) $f : y = f(x) = \frac{C(x)}{D(x)} = \frac{2x^3+7x^2+8x+2}{x^2+3x+2} = 2x + 1 - \frac{1}{x+1} + \frac{2}{x+2}$,
$x \in A = \mathbb{R} - \{-1, -2\}$

d) $f : y = f(x) = \frac{C(x)}{D(x)} = \frac{x^4-x^3-x-1}{x^3-x^2} = x - \frac{2}{x} - \frac{1}{x^2} + \frac{2}{x-1}$,
$x \in A = \mathbb{R} - \{0, 1\}$.

Risposta 3.3

b) $f : y = f(x) = \frac{C(x)}{D(x)} = \frac{x^6+2x^4+2x^2-1}{x \cdot (x^2+1)^2} = x - \frac{1}{x} + \frac{x}{x^2+1} + \frac{d}{dx}\left(\frac{-1}{x^2+1}\right)$,
$x \in A = \mathbb{R} - \{0\}$

c) $f : y = f(x) = \frac{C(x)}{D(x)} = \frac{x^2+1}{(x^2-1)^2} = \frac{d}{dx}\left(\frac{-x}{(x-1)\cdot(x+1)}\right)$,
$x \in A = \mathbb{R} - \{-1, 1\}$

www.ingramcontent.com/pod-product-compliance
Lightning Source LLC
Chambersburg PA
CBHW080647190526
45169CB00016B/2152